静园大修实录

天津市国土资源和房屋管理局

天津市历史风貌建筑整理有限责任公司　编著

天津大学出版社
TIANJIN UNIVERSITY PRESS

图书在版编目（CIP）数据

静园大修实录 / 天津市国土资源和房屋管理局，天津市历史风貌建筑整理有限责任公司编著 . —天津：天津大学出版社，2014.9
　　ISBN 978-7-5618-5206-4

　　Ⅰ.①静… Ⅱ.①天… ②天… Ⅲ.①古典园林—修缮加固—天津市 Ⅳ.①TU-098.42

　　中国版本图书馆 CIP 数据核字 (2014) 第 229811 号

策划编辑　金　磊　韩振平
责任编辑　郭　颖
装帧设计　蔡燕玲　刘晓珊　杨文英　等

出版发行　天津大学出版社
出 版 人　杨欢
地　　址　天津市卫津路 92 号天津大学内（邮编：300072）
电　　话　发行部：022 – 27403647
网　　址　publish.tju.edu.cn
印　　刷　北京华联印刷有限公司
经　　销　全国各地新华书店
开　　本　210mm × 285mm
印　　张　13
字　　数　307 千
版　　次　2014 年 10 月第 1 版
印　　次　2014 年 10 月第 1 次
定　　价　165.00 元

《静园大修实录》编纂委员会

编委会主任　刘子利

编委会副主任　路　红

编委会委员　徐连和　孙　超　冯　军　张　颀　康庄　傅建华　杨　訢
　　　　　　郭鸣崇　张俊东　汤　苊

主　　　　编　路　红　冯　军

执 行 主 编　李　巍

执 行 副 主 编　吴　猛　段君礼

撰　　　　文　焦　娜　甄承启　朱一航　朱　虹　肖　娴　孙　磊　张金丹
　　　　　　颜　亮　曹仲山　王　君　张　鹏　宋　雪　崔德鑫　韩宏伟
　　　　　　宋华未　耿晗喆　柳泉安　张　键　傅　强　季文卓　沈　洋
　　　　　　徐　鹏

摄　　　　影　何　方　何　易

序 言

天津市国土资源和房屋管理局巡视员
天津市历史风貌建筑保护专家咨询委员会主任

路 红

天津是我国近代接受西方文化最早的城市之一，是国务院批准的国家级历史文化名城，有保留完好的中国传统古建筑和近代风貌建筑，素有"万国建筑博览会"之美称。这些建筑具有较高的历史价值、经济价值和社会价值，是城市不可再生的资源。

静园作为天津近代风貌建筑的代表，先后于1981年、2005年被天津市政府确定为市级文物保护单位及特殊保护级别的历史风貌建筑。静园建于1921年，曾为末代皇帝溥仪的旧居，后经几番易主，到21世纪初，已变成拥有40余户居民的大杂院。整修前的静园因建造年代久远，经历多次自然灾害，虽经简易加固维修，但仍存在严重的自然损坏及人为损坏。为保护和利用历史风貌建筑资源，天津市人民政府于2005年出资组建了天津市历史风貌建筑整理有限责任公司。自2005年10月22日起，天津市历史风貌建筑整理有限责任公司对静园45户居民和单位实施保护性腾迁，2006年8月腾迁完毕。同月，该公司按照《中华人民共和国文物保护法》《天津市历史风貌建筑保护条例》和《天津市历史风貌建筑保护修缮技术规程》等有关法律法规对静园进行修复，并于2007年7月20日整修完毕。至此，静园成为全国首个依照地方立法对历史风貌建筑实施腾迁、保护的项目。

《静园大修实录》翔实地反映出静园修缮的全过程，为天津市近代文物建筑的保护与利用提供了很好的参考依据。本书在编写中得到了杨昌鸣、夏青、刘丛红、罗杰威的帮助与指导，在此致以诚挚的谢意。

津城静園

查勘设计篇

工程管理篇

施工技术篇

图纸篇

附录

参考文献

查勘设计篇

静园，始建于1921年，位于天津市和平区鞍山道70号（原日租界宫岛街），是天津市特殊保护级别的历史风貌建筑、天津市文物保护单位，国家AAA级旅游景区。静园初名乾园，为北洋政府驻日公使陆宗舆私宅，1929年至1931年，末代皇帝溥仪携皇后婉容、淑妃文绣于此居住，将乾园更名为"静园"，意在静观时局，以求复辟。园内建有折中主义砖木结构楼房一座，融西班牙式和日式风格于一体，草木葱郁，静谧宜人，是天津租界时期庭院式私人宅邸的典型代表。

Jingyuan, built in 1921,is located in No. 70, Anshan Road (formerly called Miyajima Street in Japanese Concession),Heping District,Tianjin. It is a historical architecture under special protection,a key cultural relic protection site and a national AAA level tourist attraction of Tianjin. Jingyuan was originally called Qianyuan when it was the residence of Lu Zongyu who was once the Envoy to Japan of the Northern Warlords Government. From 1929 to 1931,the Last Emperor Puyi lived here with his Empress Wanrong and Concubine Wenxiu,and then he renamed Qianyuan as Jingyuan,meant that he would wait and see what would happen,so as to restore his monarchy. There is an eclectic building structured by bricks and wood in Jingyuan,which integrated Spanish and Japanese styles together,with verdant grass and trees,quiet and pleasant. It is a typical representative of private courtyard residence in the Concession period of Tianjin.

第一章　历史遗韵

一、静园与天津原日租界

天津近代城市的肌理，是伴随着自1860年起，多国在津租界的发展而逐步形成的。1860年到1945年间，在津租界先后多达九国。天津租界是天津多元文化的重要组成部分，曾经见证了近代中国的荣辱沧桑。静园所处的原日租界是天津九国租界之一，也是近代中国五个日租界中最大、最繁荣的一个。天津日租界设立后，一直是日本帝国主义武装侵略中国华北地区的基地。

2006年3月，国务院批准的《天津市城市总体规划》的《历史文化名城规划》中，确定了14片历史文化风貌保护区。其中，包含静园、张园、武德殿、段祺瑞旧居等多幢重要历史风貌建筑的原日租界部分区域被确定为鞍山道历史文化风貌保护区。

二、静园历史大事记

1921年，曾任北洋政府驻日公使的陆宗舆斥巨资修建此园，取名为"乾园"。陆宗舆早年留学日本，1913年底至1916年任驻日全权公使，这期间受袁世凯委派，同日本秘密谈判并签订了丧权辱国的"二十一条"。1919年

"五四运动"爆发，陆宗舆与曹汝霖、章宗祥一起被群众斥为卖国贼，北洋政府迫于压力将其免职。此后，陆宗舆到天津做起了寓公。

1929年，寓居天津张园的末代皇帝溥仪携皇后婉容、淑妃文绣迁居于此，将"乾园"改名"静园"。

1931年11月10日，溥仪在"天津事变"的烟幕下，悄悄离开静园，偷渡白河，秘密离津。

1932年，静园成为日本驻华北特务机关总部，与在其斜对面200米的张园遥相呼应，成为日本在华北的两大特务机关，为日军侵华作战提供情报。

1945年，静园被国民党天津党部机关征用。

1948年，静园成为国民党天津警备总司令陈长捷私宅。

1949年，天津解放，静园被人民政府接收，主楼由市总工会作办公使用，平房则成了职工宿舍。曾任天津市各界协商会主席的黄火青、曾任中国驻苏联大使的谷小波等，都在这里居住过。

1966年，市总工会迁至大沽路后，静园先后成为市总

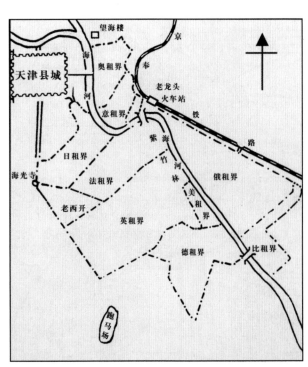

九国租界示意图

天津原日本租界图

工会职工宿舍和《天津日报》社职工工作和生活用房。当时在《天津日报》社工作的当代著名文学家孙犁，就在静园度过了他在天津的大多数时光。

2005年，依据《天津市历史风貌建筑保护条例》，天津市历史风貌建筑整理有限责任公司对已经成为居民伙住大杂院的静园开展腾迁整修。

2007年，静园修复完工，作为国家AAA级旅游景区正式对游客开放。

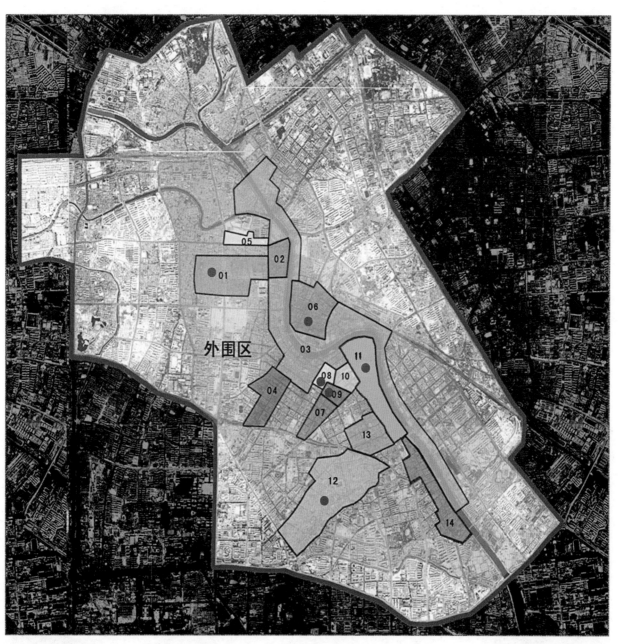

14片历史文化街区

01. 老城厢历史文化街区　　　　05. 估衣街历史文化街区　　　　09. 中心花园历史文化街区　　　　13. 泰安道历史文化街区
02. 古文化街历史文化街区　　　06. 一宫花园历史文化街区　　　10. 承德道历史文化街区　　　　14. 解放南路历史文化街区
03. 海河历史文化街区　　　　　07. 赤峰道历史文化街区　　　　11. 解放北路历史文化街区
04. 鞍山道历史文化街区　　　　08. 劝业场历史文化街区　　　　12. 五大道历史文化街区

三、末代皇帝溥仪在天津

（一）紫禁城的黄昏

溥仪出生在醇王府——与道光皇帝血脉相承，且与当年握有国家大权的慈禧太后联姻的醇亲王奕譞之府邸，他是这个家族产生的第二位皇帝。从醇王府入宫后，溥仪开始了他的皇帝生涯和逊帝生涯，那正是"帝制"与"共和"在中国决战的年代。直到1924年11月，溥仪被驱逐出宫，整座皇宫被北洋政府没收，至此，大清帝国的夕阳残照在紫禁城最终消失。

溥仪的"阿玛"（父亲）醇亲王载沣（1883—1951年），宣统在位期间（1908—1912年）他出任监国摄政王，为清末实际最高统治者

溥仪的祖父、道光皇帝第七子醇贤亲王奕譞（1840—1891年）与其嫡福晋（慈禧的胞妹、光绪皇帝的生母叶赫那拉·婉贞）

入宫前在醇王府内的溥仪（立者）与二弟溥杰

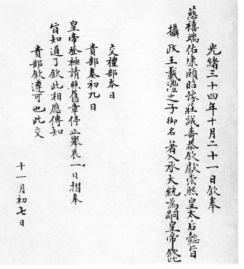

光緒三十四年十月二十一日欽奉

慈禧端佑康頤昭豫莊誠壽恭欽獻崇熙皇太后懿旨

攝政王載灃之子御名著入承大統為嗣皇帝欽此

皇帝登極請照舊章停止筵宴一日摺奉

旨知道了欽此相應傳知

貴部欽遵可也此交

交禮部本日

貴部袞初九日

十一月初七日

慈禧命溥仪进宫继承大统的懿旨，正是这一道懿旨，让3岁
的溥仪成为清朝末代皇帝

1908年12月溥仪继承帝位后，由隆裕太后"垂帘听政"，召见臣下

1917年7月1日，溥仪因张勋复辟而第二次"登基"，图为身着朝服的溥仪，摄于御花园天一门前

婉容在选后时使用的半身着色照片，摄于 1922 年

入宫前的额尔德特·文绣（1910—1953年）。就在这帧写有"端恭之女额尔德特氏年十五岁"字样的照片上，溥仪画了一个铅笔圈，决定了她的命运

（二）津门寓公

1925年2月，溥仪由日本便衣警察护送到天津日本租界，建立"行在"（即现在的静园和张园）。从1925年到1931年这七年，是溥仪政治思想成熟的时期，也是他能够为实现复辟而独立支配个人言行的时期。这七年，溥仪过着"无冕之王"的寓公生活，更为所谓的"复辟大清"而忙碌，直到1931年，"九一八事变"爆发，才离津出关，潜往东北。

1. 政治活动

溥仪本来要把天津作为留洋的跳板，但无论是西洋还是东洋，都拒绝他以"国君"身份登陆，于是他留了下来。大清的江山虽倒，遗影还在，每天都有人呈递"奏折"；复辟要以军事武装为保证，所以溥仪就着力联络各方军阀，建立自己的军事力量。不仅如此，溥仪还与日、英、俄等国洋人频频接触，相互利用。

胡嗣瑗（1869—1945年），字琴初，又字愔仲，溥仪在津期间"行在办事处"大管家，其办事记录——《直庐日记》至今存世

1924年12月初，溥仪等人合影于日本驻北京公使馆。左起：陈宝琛、竹本大佐夫人、二妹韫和、溥仪、日本驻北京兵营竹本大佐、三妹韫颖及陈宝琛之子陈骧业

1924年11月5日，原西北军将领鹿钟麟奉冯玉祥之命将溥仪逐出紫禁城，溥仪被迫暂避醇王府

1926年"万寿圣节"（正月十三），遗老们为溥仪祝寿，表达他们的复辟愿望和"忠君"之心

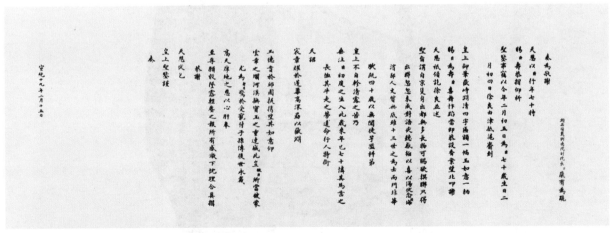

1927年3月18日康有为呈溥仪的奏折，因溥仪赐予"嶽峙渊清"匾额而谢恩，12天后即病逝

在天津时期的溥仪风华正茂

西装礼帽加"二饼"，溥仪西洋化了

北京晚報

溥儀抵津後其妻終日導往各名勝遊覽因其妻會在天津某女校肄業故頗熟習

北京益世報

溥儀居津近狀

△一說甚爲快活||一說甚爲窘迫

據天津快函、溥儀自二十三日夜間秘密來津、次日上午即移往日租界之張園、連日該園大門緊閉、有日捕及華警把守、至現在隨侍者、尚有羅振玉父子、及其妻妾侍女四名、僕婢數名、溥儀在園內甚爲快活、與其隨員暢談一切、毫無拘滯、東渡之行、業經確定、一星期後將偕妻妾及羅振玉等乘輪赴日、因羅氏出身於早稻田大學、極嫻日本語云云

又訊、溥儀自逃津門後、即寓居日租界張園內、一時有行將東渡之說、聞此係宣傳作用、緣溥儀已與張園訂約租借一年、則短促期間、斷無離津之事、前清遺老往謁者、有張人駿呂海寰等、張人駿手摺直書前兩廣總督臣張人駿云、

又訊、現在住居日租界張園之溥儀、近狀甚爲窘迫、據其侍從者言、溥儀幾不知此後彼之用款、將來自何處也、星期一晚、溥儀竟未能至張園、緣是晚園主本擬請黎前總統元洪晚餐、後聞溥儀已至、遂即取消、因溥黎兩方均感不便也、

京報

日使館將溥儀運津後之消息

芳澤君之掩耳盜鈴

緩二星期仍赴日本

日人天津二十六日電。溥儀二十五日下午移入張園。至赴日一節。因種種關係上定延緩二星期。萬事均候川島浪速氏決斷辦理。但無論如何。決定永久捨離北京。又遺老舊臣輩。均在天津租界內覓宅居住云。

日人發表芳澤日使關於溥儀出京事。向電通記者談云。「溥儀於二十三日夜。突然赴津並傳其即將赴日本遊歷。余對此事。事前本未預聞。惟近時各報既多揣測之說。余自不得不爲之一言。日使館之容留溥儀。本係根據國際法上之地位及權利。並照帝國政府之方針而採此行動。始終仍守既定之主義及政策而行。迄未有所變更。故對外間所作之種種議論。亦只視爲趣聞而已。至溥儀與中政府間之交涉。則日使館固力避干預其事。而一任兩者間自由意思之接衛也。總之日使館現只知有中政府及國民。而不問其爲宗社黨或國民黨或安福派等之政爭與否。故一切決與之毫不相關也」

萬國新聞社云。溥儀赴津以後。其行動如何。頗可注意。惟抵津之前後情形。本社昨日業已報告。茲又據某方報告。溥儀下榻張園後。行止忽已變更。因前日經遺老會議之決定。請溥儀暫緩東渡。溥儀亦已容納之意。目下隨侍左右者。除眷屬外。尚有重要日人及英文教師莊士敦六七人。隨帶溥儀眷屬赴津之陳寶琛。業於前晚八時晚車返京。聞係與紹英羅振玉諸人辦理結束溥儀家務。並詳述抵津經過情形。陳氏大約事畢。當即赴津。仍舊教讀溥儀云。外間傳聞溥儀在津有復辟舉動之說。蛛絲馬跡。不無嫌疑。因連日宗室遺老。均聯翩赴津。且某國人追隨左右代其籌劃一切。進行頗爲迅速。其赴津改變行止。乃啟變之第一步辦法。查其預定步驟（一）啟離北京先作放洋空氣遷人注意。（二）到津後藉詞或赴滬。（三）經過一定期間內由某國人奔走煽惑。（四）收羅直系餘孽爲己帮忙。（五）招集宗社黨鞏固實力云。

中美社據華北明星報稱。溥儀已抵天津。寄居日租界張園。溥儀之來津。不過爲其遊旅行之初步。固渠將赴日本一節。似屬毫無疑義。按其預定之程序。本年內必赴歐美漫遊。至赴大連一說。因段政府表示不願。或即作罷。聞段政府

東方時報

溥儀擬常住天津

▲租定張園一年

▲決不出遊外國

據華北明星報載。清遜帝溥儀。離國作漫遊歐美之舉。就其現在計畫而言。至少於一年內不克實現。據接近溥儀之人所述。彼已放棄其遊歷計畫。賃租張園一年。其經濟狀況。實窘迫萬分。現在閉門獨居。即蟄居租界之清室遺老。一概謝絕晤見。至其取消遊歷之原因。係因日本當局。是否以前清皇帝。或以中華民國之公民資格待遇溥儀一節。尚未決定。但聞多數似贊成以皇帝資格待遇之說。引前德皇威廉逃往荷蘭時。曾有此先例云云。此外復徵詢段政府對此之意見云。

贊成溥儀出洋者

▲鄭孝胥

鄭孝胥自廢帝溥儀出宮時。當即赴滬。茲聞鄭氏昨又同其子由滬到津。謁見溥儀。談次極贊廢帝出洋。並決令其子陪伴前往云。

《北京晚报》《京报》《北京益世报》及《东方时报》等媒体报道溥仪抵津的情况

婉容会见来宾合影

日本驻津军司令官小泉六一拜访溥仪和婉容

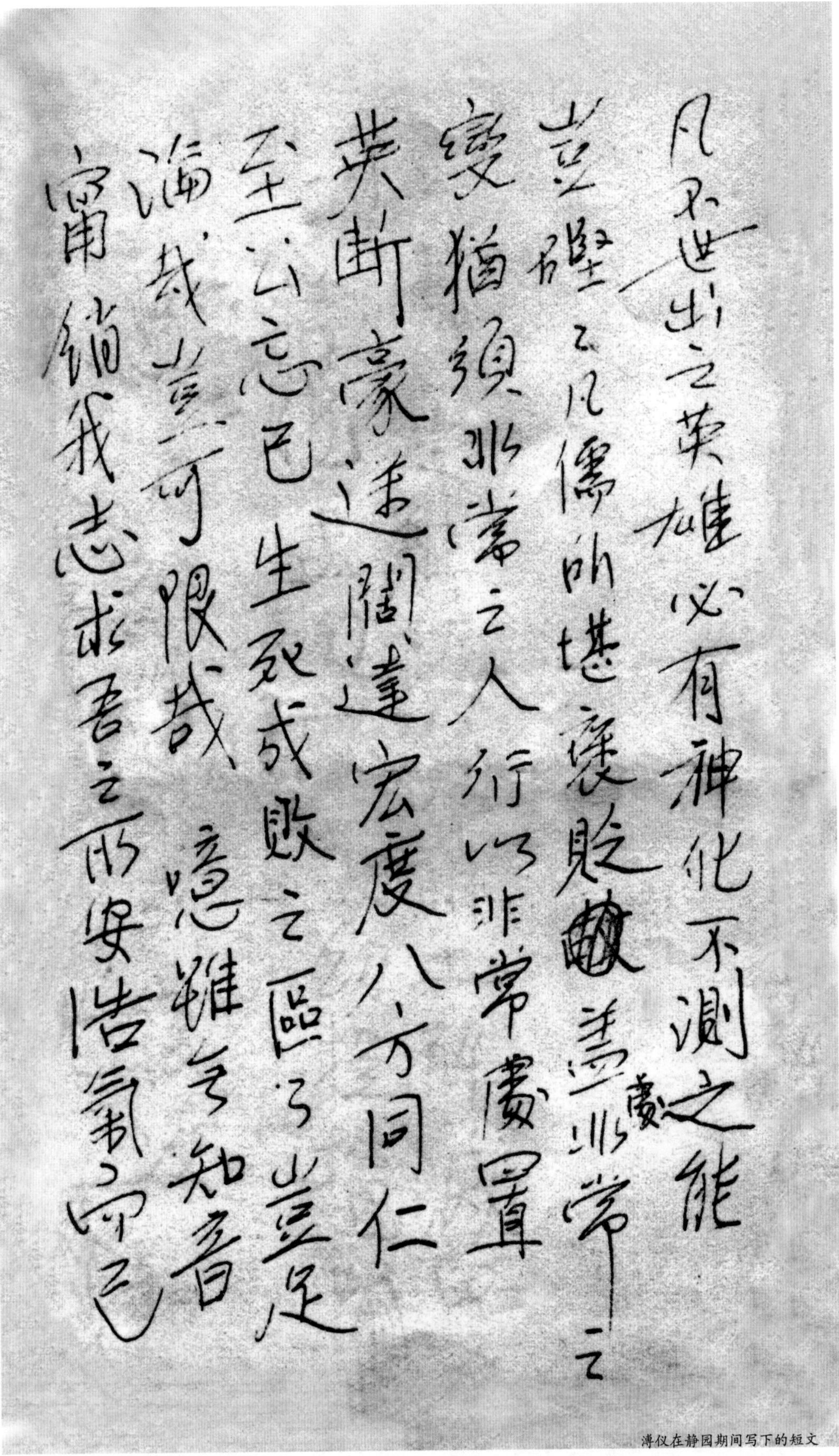

凡不世出之英雄必有神化不測之能

豈坐而空論所能襃貶之哉　慶泚常之

變猶頌非常之人行以非常賞置

英斷豪邁闊達宏度八方同仁

至公忘已生死成敗之區乎豈足

論哉豈可限哉　憶雄兮知音

甯錯我志求吾之所安浩氣常留已

溥仪在静园期间写下的短文

溥仪访问各国在津驻地（右一为溥杰）

溥仪会见英国驻津领事馆官员，郑孝胥（右一）陪见

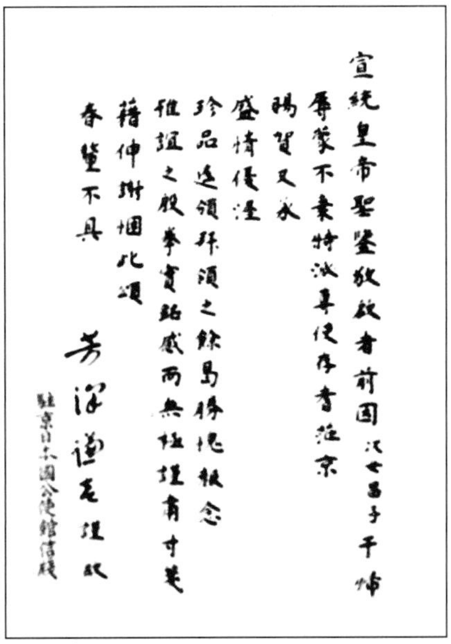
宣統皇帝聖鑒敬啟者前因[illegible]千秋
尊蒙不棄特派專使齎書往京
賜賀又承
盛情優渥
珍品迭頒拜領之餘曷勝感念
推誼之殷拳實銘感而無極謹肅寸箋
藉伸謝悃此頌
春鑒不具
芳澤謙吉謹啟
駐京日本國公使館信箋

日本驻北京公使芳泽谦吉致宣统皇帝函

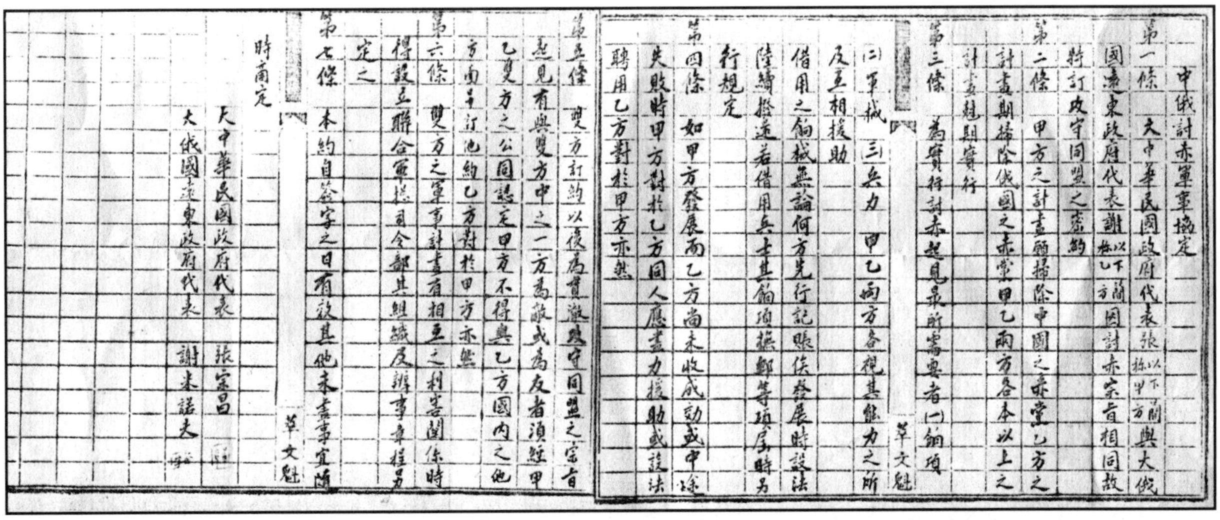
中俄討赤軍事協定
第一條 大中華民國政府代表張(以下簡稱甲方)與大俄國遠東政府代表謝(以下簡稱乙方)因討赤宗旨相同故特訂攻守同盟之密約
第二條 甲方之計畫願掃除中國之赤黨乙方之計畫則掃除俄國之赤黨甲乙兩方各本以上之計畫照辦實行
第三條 為實行討赤起見最所需要者(一)餉項(二)軍械(三)兵力 甲乙兩方各視其能力之所及互相援助 草文魁
借用之餉械無論何方先行記賬俟發展時設法陸續撥還若借用兵士其餉項服鄉等項届時另行規定
第四條 如甲方發展而乙方尚未收成功或中途失敗時甲方對於乙方同人應盡力援助或設法聘用乙方對於甲方亦然
第五條 雙方訂約以後為貫徹攻守同盟之宗旨起見有與雙方中之一方為敵或為友者須經甲乙雙方之公同認定甲方不得與乙方國內之他方面訂他約乙方對於甲方亦然
第六條 雙方之軍事計畫有相互之利害關係時得設立聯合軍總司令部其組織及辦事章程另定之
第七條 本約自簽字之日有效其他未盡事宜隨時商定 草文魁
大中華民國政府代表 張宗昌
大俄國遠東政府代表 謝米諾夫

谢米诺夫和张宗昌双方签订的《中俄讨赤军事协定》

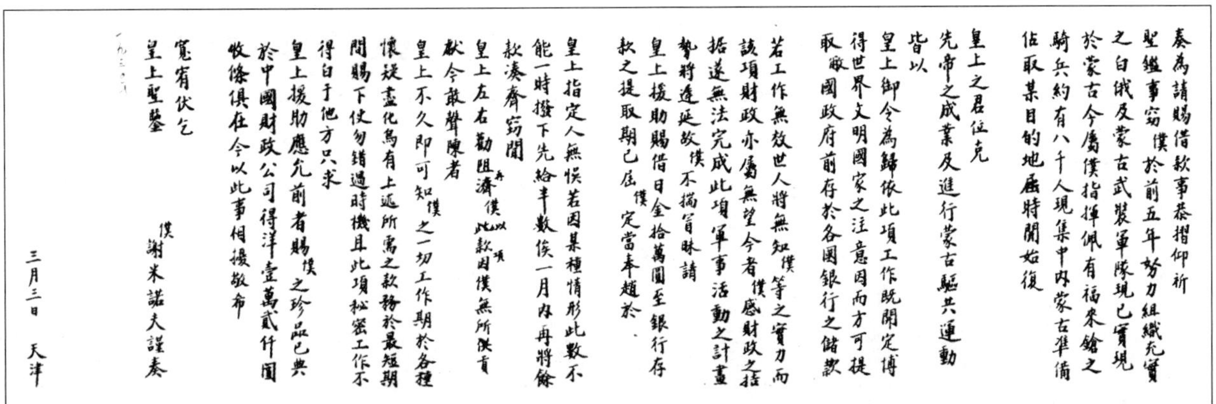
奏為請賜借款事恭摺仰祈
聖鑒事竊僕於前五年努力組織充實之白俄及蒙古武裝軍隊現已實現於蒙古今屬僕指揮併有福來鎗之騎兵約有八千人現集中內蒙古準備佐取某目的地屆時開始復
皇上之君位克
先帝之成業及進行蒙古驅共運動
皆以
皇上御令為歸依此項工作既開定博得世界文明國家之注意因而方可提取敝國政府前存於各國銀行之儲款
若工作無效世人將無知僕等之實力而該項財政亦屬無望今者僕感財政之拮据遂無法完成此項軍事活動之計畫勢將遷延故僕不揣冒昧請
皇上援助賜借日金拾萬圓至銀行存款之提取期已屆僕定當奉趙於
皇上指定人無悞若因某種情形此數不能一時撥下先給半數俟一月內再將餘款湊齊竊聞
皇上左右勸阻濟僕此項款因僕無所供貢獻今敢聲陳者
皇上不久即可知僕之一切工作期於各種懷疑盡化為有上述所需之款務於最短期間賜下使勿錯過時機且此項秘密工作不得白于他方只求
皇上援助應允前者賜僕之珍品已典於中國財政公司得洋壹萬貳仟圓收條俱在今以此事相援敬希
寬宥伏乞
皇上聖鑒 僕謝米諾夫謹奏
三月三日 天津

沙俄将军谢米诺夫进呈溥仪请求借款的奏折

2. 寓公生活

从深宫大院到花花世界，溥仪非但没有无所适从，反而如鱼得水。年轻的溥仪喜欢运动，他在天津的"行在"生活，从来也不缺少这一项内容。虽是"无冕之王"，但"行在"中仍然陈设着美"后"娇"妃"，作为鲜活的饰品；而他的胞弟、胞妹都在身边，做着与复辟相关的大事或小事。

《京津日日新闻报》《天津日报》《大公报》等媒体关于"宣统帝杯争夺战"的报道

喜欢运动、身穿球衣的溥仪正在打高尔夫球

溥仪接见网球明星林宝华（左三）等人时的合影

溥仪在网球场地上，
他最擅长正手抽球

溥仪与婉容手牵手，亲密无间，笑逐颜开，俨然平等且恩爱

溥仪与婉容合影于静园

在天津时期婉容在书房中

载沣与其子女在天津。左起：溥仪的六妹韫娱、五妹韫馨、溥仪、溥仪的四弟溥任、载沣、溥仪的二妹韫和、四妹韫娴

左起：三妹韫颖、二弟溥杰、溥仪、二妹韫和，他们同父同母

溥仪与弟妹们在天津合影。前排左起：六妹韫娱、四妹韫娴、四弟溥任、五妹韫馨、七妹韫欢；后排左起：二妹韫和、二弟溥杰、三妹韫颖；居中坐者
为溥仪

3. 三件大事

祖陵被盗、遗臣殉清、复号还宫是溥仪在津期间的三件大事。大清祖陵被军阀孙殿英盗掘，溥仪因此与民国政府再度结怨，誓报此仇。国学大师王国维自沉殉清，为溥仪而死，是后世人主观臆测，还是当事人诚意真心，已成千古之谜。复号还宫是溥仪在津政治活动的重要主题，庄士敦即是积极参与者。

王国维致罗振玉（雪堂先生）函　　殉清而死的国学大师王国维的遗书

1916年王国维（左）应哈同之邀离开日本返沪任教，临别与罗振玉（右）合影

在最近一個月中……

東陵三次被盜匪發掘

軍隊上午開走匪眾下午掘陵
團警力單薄對匪眾不敢窮追

【北平五日特訊】何北民政廳近據東陵寢古蹟保管委員會成璧如等呈報，該處匪徒，因駐軍離防，乘地方空虛之際，歷經結彩盜掘陵寢，據稱地方治安，單薄，又乏槍械，若無軍隊駐防，則陵寢古蹟，前途萬分可慮，原有警力早日到防，茲錄原呈如左，特簡派撥歸該署。

（上略）藉查昭西陵前於六月三十日並七月三日兩次被匪盜掘，及職會變辦各情形，業經呈報在案，距意七月二十七日早晨，駐軍甫經開拔離防，是日午後，迭據探報，有匪集百餘人，執持槍械，前赴昭西陵復行盜掘等情到會，當經職會防隊警察，並邀隨同地警團等前往查緝去後，旋諜警長陳玉祥復稟稱，此次匪眾，鳴槍抵禦，一面防隊嚴紀在途追犯，惟是匪又桀驁異常，有礙視線，急於追截，最後搜捕另形薄弱，終致匪犯漏網……

職率警察向匪眾同時出發，行至距陵二里許之道口，突遇匪眾，正擬分隊圍擊，不圖賊已糾四尺餘，並未掘動，並匪同率探員，查畢即將陵犯，如式修補，此係昭西陵盜掘經過之情形，其有掘及之處，亦惟于前昭西陵近又被匪盜掘經職會查辦之情形……

王澤謝廣全二名等情，挖告前來，職率職會防隊警察，當同赴探地點，寬約三尺，轉又向北平挖四尺餘，如式修補掩蓋之處，當經密飭各情形開具圖說，呈報該我團警力又單薄，則陵寢古蹟，前途實為萬分可慮，軍隊急追，仰懇鈞廳俯念東陵地面空虛，匪烟日甚，力予主張派撥軍隊，早日到防，難保展轉待命之至，滿地桂符，若無軍隊駐防，則陵寢古蹟，前途實為萬分可慮……

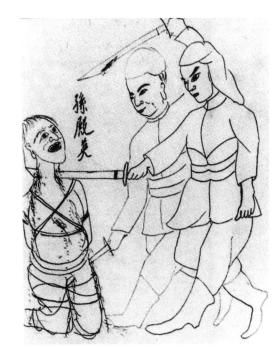

溥仪画《杀孙殿英图》

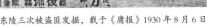

庄士敦（右一）在1929年自威海来天津，为溥仪"复号还宫"奔走呼号（左一为郑孝胥）

4. 风雨出关

　　1931年，无论对于溥仪还是对于中国，都是风云突变的一年。面对长江水患，溥仪捐楼赈灾；文绣私离静园，闹起"妃革命"，溥仪也不得不"掏钱免灾"。自感复辟无望的溥仪，却从"九一八"的炮声中看到一线希望，于是背对着中国人民，他偷偷地潜入冰冷的白河。

游戏中的文绣

廢后向廢帝提出離婚
此之謂平民化

清廢帝溥儀，蟄居本市大羅天後，與其原配金氏，愛憎素篤，乃最近不知何故，雙方突然反目，日前金方特延律師，向溥儀提出離婚異條件，溥儀亦延請律師李華棠，代表交涉，現雙方律師正進行調解諸律師，總以和平離婚為宗旨，不得已或亦將訴諸法庭云。（陸）

1931年淑妃文绣向溥仪提出离婚，闹起"妃革命"，成为中国历史上第一个向皇帝提出离婚的妃子

副状

律师为文绣拟写的"诉讼副状"

天津地方法院因文绣提出离婚起诉而致溥仪的民事调解法律文书

天津媒体关于土肥原欲挟持溥仪赴沈阳做皇帝的报道。这正是土肥原胁迫溥仪出关的阴谋

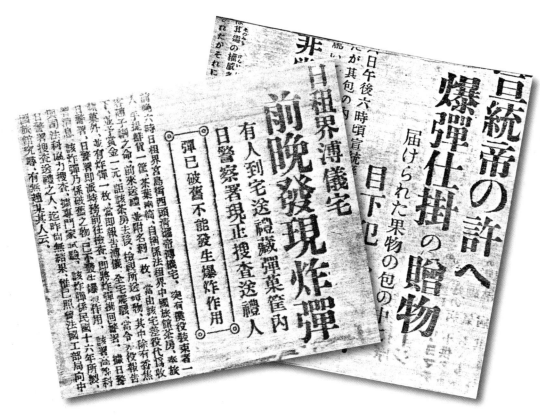

天津媒体关于溥仪宅内发现炸弹的报道

1931年11月10日，溥仪（前排右二）由郑孝胥（后排左一）父子等辅弼，登上大沽口外的日本船只"淡路丸"号，暗渡白河离津出关，踏上险途，留下罪恶的脚印

1932年3月8日，溥仪与婉容自汤岗子对翠阁宾馆出发，前往长春就任伪"满洲国皇帝"

（三）出关以后

　　从出关到去世，溥仪这37年历程，记载了他人生翻天覆地的转变。他由伪"满洲国皇帝"变成苏军战俘，从战争罪犯被改造成普通公民，直至因病去世，走完传奇的一生。

1932年3月9日，溥仪在长春原道台衙门内就任伪满"执政"，并留下了这张当年着色标准照

伪满"康德皇帝"的标准像（着色照片）。摄于 1934 年 3 月。日本人不许"康德皇帝"
穿戴龙袍，而只能穿这身"满洲国海陆空军大元帅"正装

婉容疯了，文绣走了，溥仪在1937年4月6日册封满族小姐谭玉玲为"祥贵人"，图为"明贤贵妃"谭玉玲在寝宫

谭玉玲死后，溥仪在1943年春，挑选年仅14岁的女学生李玉琴入宫，册封为"福贵人"。这是她站在同德殿广间内，溥仪亲自为之拍摄的照片

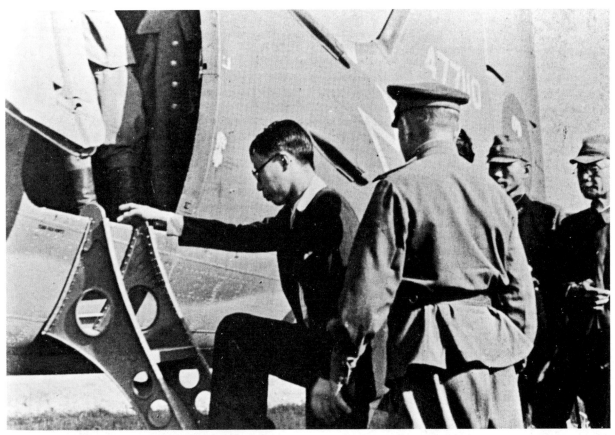

1945年8月19日，溥仪在沈阳机场被苏军俘获，从而结束了他的"皇帝"生涯

苏联伯力市内第四十五收容所。溥仪在此囚居五年，其间，他几度上书斯大林，想把苏联当作逃避惩处的安全港

1946年8月，溥仪出席东京国际军事法庭。图为溥仪在证人台上为审判日本战犯宣誓作证

溥仪在抚顺战犯管理所内自己动手补袜子

溥仪在抚顺战犯管理所撰写思想改造的心得，摄于 1956 年

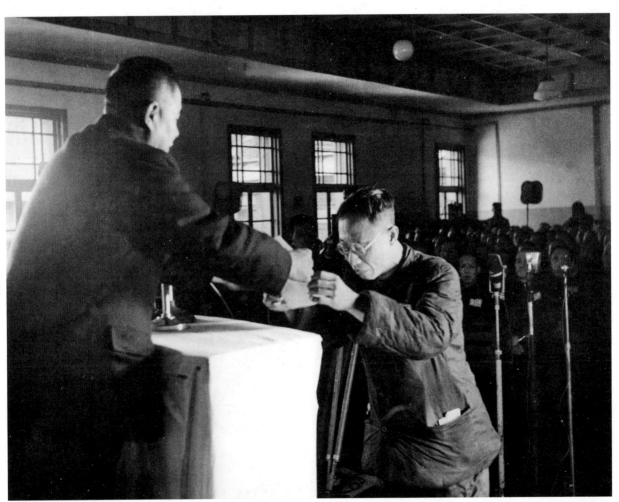

1959 年 12 月 4 日，在特赦战犯大会上溥仪激动地接过了特赦通知书

1962 年 4 月 30 日，出席溥仪与李淑贤婚礼的爱新觉罗家族成员

1967 年 2 月摄于自宅庭院内，这是溥仪生前最后一张照片

1980 年 5 月 29 日，在全国政协礼堂举行的溥仪追悼会上，全国政协副主席王首道向李淑贤（左）表示慰问

1995 年 1 月，李淑贤将溥仪的骨灰葬在位于清西陵内崇陵（光绪陵）附近的华龙皇家陵园

第二章　项目查勘与研究

第一节　项目概况

静园1921年建成，原是陆宗舆的宅邸。1929年7月9日至1931年11月10日，末代皇帝溥仪携皇后婉容、淑妃文绣迁居于此，改"乾园"为"静园"。新中国成立后，静园先后作为天津市总工会办公用房和住宅使用，经历1976年大地震和多次维修。整修前为45户居民伙居住宅。

静园于1981年被确定为天津市文保单位，2005年被天津市政府确定为特殊保护级别的历史风貌建筑。

静园宅院分前院、后院和西跨院，四周有高墙相围，园内建有西班牙式砖木结构楼房一座，两侧配有附属平房，旁侧游廊直通主楼西端，后院建有一座附属二层小楼。

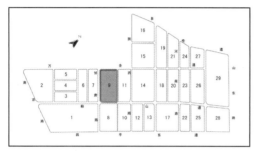

静园所在地块

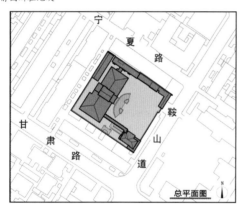

静园平面图

主楼　　　　　　　　　　后院附属楼

东侧平房　　　　　　　　游廊

西侧平房　　　　　　　　西跨院

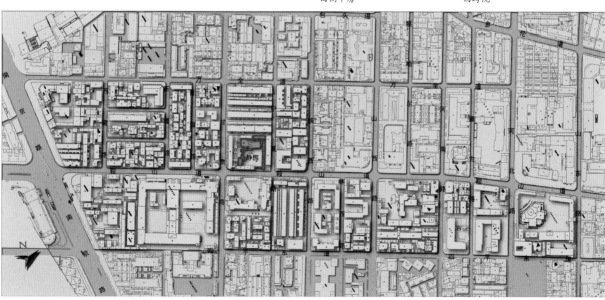

静园环境区位图

一、区位环境概况

静园位于天津市和平区鞍山道70号，坐落于当时的日租界内。原日租界南起南京路，北至张自忠路，西至多伦道，东至锦州道，区域内有鞍山道、和平路等20多条道路。由于它位于英、法租界与天津旧城之间，因此不久便发展成为当时天津的娱乐商业区。如今，此区域仍为天津繁华的商业中心，地理位置优越，交通十分便利。

二、工程概述

静园占地3089.74㎡，主楼建筑面积地上为1080.76㎡，地下为138.16㎡；附属建筑建筑面积为565.07㎡。主楼上有阁楼，下设地下室。一层配有配膳房、酒吧间、大餐厅、会计室及会客室等；二层有起居室、书房、卧室等。主要房间均配置护墙板、壁橱、博古架、书架等。地下室设有锅炉房。

2005年10月，遵照天津市委、市政府的要求和天津市保护历史风貌建筑的规划，依照《天津市历史风貌建筑保护条例》，天津市历史风貌建筑整理有限责任公司（以下简称"风貌整理公司"）对静园的45户居民和单位实施腾迁。2006年2月28日，风貌整理公司在静园腾迁现场组织了静园整理维修保护方案专家论证会，天津市国土资源和房屋管理局、天津市保护风貌建筑办公室、天津市文物管理处、和平区文化和旅游局、天津大学的有关领导及老专家和风貌整理公司的相关人员参加了此次会议。与会专家和领导查勘了静园的现状，发现房屋破损十分严重，已不适合居住使用，静园的整修保护工作已十分迫切。

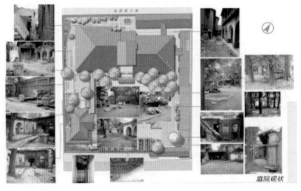

整修前静园整体布局图

通过召开专家论证会确定了静园主要整修部位及其施工方案，并对风貌整理公司提出的《静园整理修复初步方案》进行了深入的探讨，并予以充分的肯定。在对静园进行进一步查勘测绘并公开招投标后，确定监理单位为天津市方兴工程建设监理有限公司，施工单位为天津华惠安信装饰工程有限公司，并于2006年8月开始了整修工作。整修范围包括墙体、楼面和屋顶等结构加固；电气照明线路、开关、插座及安防系统、监控系统等智能化工程；电力、给排水工程增容改造，室外与外网连接工程；增设消防及空调通风系统。历经10个月的整修，静园于2007年7月20日整修完毕。

天津市科学技术委员会、天津市国土资源和房屋管理局及天津大学等单位的相关专家召开论证会

专家考察现场1　　　　专家考察现场2

通过静园修缮项目工程整体施工，其安全性得到提高，能够满足现行结构质量要求。在建筑复原施工中，对建筑结构形式、屋面、门窗、五金件、木作装修、外檐风格等，在修复施工中严格保留原始施工做法，保留及使用原材质、材料，保留静园的原真性，使得静园整体效果达到最好状态，达到预期要求。在竣工验收过程中，相关单位及管理部门均给予较高评价。

在前期查勘中，全面、完整地进行查勘和设计，为后期修缮施工奠定基础。严格按照《中华人民共和国文物保护法》及《中华人民共和国文物保护法实施条例》进行施工，使静园得到良好的保护，整体提高静园功能。静园无论是在修复理念、修复技术，还是在经营利用模式上，均起到了良好的示范作用。

第二节　现状查勘

静园主楼平面大致呈矩形，为二层砖木结构，局部三层，采用逐层退台（向北侧）布局，每层退台深度均为3600mm。建筑采用有组织外天沟排水。地下室约1.5m高度范围内采用砂浆砌筑，1.5m高度以上及主体墙体多采用大泥砌筑。

后院由主楼东山墙处游廊与前院分隔，在东北角建有外廊式二层附属用房，采用砖木结构。建筑平面尺寸为21.09m×4.52m（长×宽）。双坡挂瓦屋面，起脊高度为1650mm。建筑中部设木制双跑楼梯一部。宅院西侧为独立单层花厅，并采用游廊与主楼西端外廊相连，划分出西跨院。游廊延伸长度为17m，宽度为1.5m，两侧廊壁采用对称连券形式，砖木结构。花厅布局呈近似矩形，平面尺寸约为36.52m×22.64m（长×宽），室内层高为3.2m。屋面采用坡屋顶瓦屋面，脊尖高度为5.4m。宅院靠东侧围墙自正门至后院建有门卫室等附属用房，均为单层砖木结构，采用单坡挂瓦屋面。

由于静园本身的原始资料极少，给修缮工作带来了一定困难，所以本着忠于原建筑风貌的原则，风貌整理公司投入大量人力物力进行建筑查勘，先后与天津大学建筑学院、天津市房屋鉴定勘测设计院和伪满皇宫博物院合作，联合开展查勘工作，为静园整修工作的顺利进行夯实了基础。

一、房屋安全鉴定

2006年3月，风貌整理公司正式委托天津市房屋鉴定勘测设计院对静园进行全面的房屋安全鉴定，分别对静园主楼的基础、墙体、屋间结构、屋面结构的强度、稳定性及是否变形进行了全面检测，认定静园存在严重的自然损坏及人为损坏现象。建筑主楼、附属楼及东侧平房震后虽经加固、维修和改造，但仍不能满足天津地区目前抗震设防标准的有关规定，相应的抗震构造措施亦不完善，应对建筑整体采取抗震加固措施。

二、消防安全鉴定

静园为砖木体系结构，采用木楼板、木屋架、木楼梯，而且存在大量木装修，主楼与附属楼间距相对较小，据《建筑设计防火规范》（GB 50016—2006）判定其耐火等级为四级，加之多户混居、年久失修，因而存在着严重的火灾隐患，需要在整修中结合功能定位，采取必要的防火措施，以提高建筑物的耐火性能，增强房屋的安全性。

三、建筑测绘

风貌整理公司委托天津大学建筑学院对静园现状进行了详细测绘，包括建筑整修前的平、立、剖面，总平面以及细部大样图。

四、现状调查

整修前，根据相关规定对静园的现状进行了详细周密的完损情况调查。检测方法以宏观查勘和少量破损检测为主，检测其主要材料、工艺、完损情况等方面的状况，重点甄别现存建筑物原状物与改动物，为整修方案和价值评估提供依据。

通过现场查勘，静园主要存在以下问题：露台、阳台被拆改且存在大量搭建违章建筑；门窗被封堵或更换；内外檐墙面装饰面层脱落、损坏，表面肮脏；内外檐装饰物（如壁灯、吊灯等）遗失；室内外石雕、砖雕、木雕等损坏或缺失；大量木制构件有磨损或变形；人为拆改现象较多，很多构件丢失局部历史信息。以下分别从基础、墙体、屋架、屋间结构、墙面、门窗、地面、楼梯、室内装饰、屋面和搭建违章方面说明静园整修前的状况。

（一）结构安全查勘

1. 基础查勘

经过测定，建筑主楼东南角与西南角不均匀沉降差为156.8mm，超过规定限值117%。主楼（观测点处）顶点位移最大值为东南角向东倾斜63mm，超过规定限值55%。

查勘基坑　　　　　　　　主楼东南角塌陷

2. 墙体查勘

主楼一层墙体多处碱蚀。檐墙及山墙部分变形开裂，在使用后期经过简易封护处理（水泥浆抹压）。主楼北侧可下人半地下室墙体防水层整体失效，长期处于积水状态。

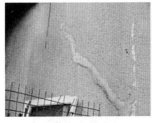

一层外檐墙面裂缝1　　　一层外檐墙面裂缝2

主楼东南角墙体裂缝　　　附属楼一层北侧檐墙体裂缝

地下室墙面渗水　　　地下室积水

3. 木屋架查勘

屋架部分主要木构件出现劈裂，劈裂严重部分整根木构件通裂，屋架受力严重失衡，导致墙体开裂。

主楼三层顶棚　　　曾加固过的屋架

游廊搭建违章　　　劈裂的屋架

4. 层间结构查勘

一层、二层多处板条顶棚破损严重。部分龙骨支座处糟朽、变形，局部龙骨存在纵向劈裂。

一层楼道顶棚　　　二层楼道顶棚

（二）风貌特征查勘

1. 墙面查勘

静园墙面累积问题比较严重，外檐表面风化严重，局部有拆改，破损面积较大，且有厚重油污、水渍等。内檐墙面碱蚀较严重，大面积起鼓、灰皮脱落，表面肮脏不堪。

外檐墙面污迹　　　游廊墙面污迹

室内墙面污迹1　　　室内墙面污迹2

西跨院围墙污迹　　　拱廊墙面污迹

2. 门窗查勘

静园门窗存在的问题包括：多数门窗保留原物，但有较大程度损坏，包括变形开裂、局部木料糟朽、小五金件丢失等；个别门窗被拆改，已非原物。

议事厅门　　　　　祠堂开向露台的门

外檐拱窗　　　　　外檐方格窗

主楼入口门窗　　　过厅门

3. 室内装饰查勘

静园室内装饰物样式丰富，独具特色，在后期使用中虽有人为改动（如重新刷漆）、木构件局部损坏等问题，但大都保存完整，可通过整修恢复原貌。

酒柜　　　　　　　壁泉

议事厅壁炉　　　　壁柜

卧室装饰构件　　　书房装饰构件

4. 木楼梯、木地板查勘

木地板、木楼梯普遍存在严重磨损、翘裂、松动、稀缝、变形下沉、颤动等现象。

条形木地板　　　　双跑木楼梯

5. 屋面查勘

原有大筒瓦屋面，1976年地震后被改为红陶挂瓦屋面，有渗漏现象，屋面局部长草。

院内平房屋顶　　　损坏的红陶瓦顶

（三）违章情况

静园私搭乱建现象非常严重，不仅严重影响静园的整体风貌，而且存在较大的结构和消防隐患。

前院违章建筑1　　前院违章建筑2

主楼的私搭乱盖　　楼前搭建的违章建筑

西跨院违章建筑　　杂乱的西跨院

五、查勘诊断

根据现场查勘情况，初步拟定了修复意见。

表1 静园建筑查勘诊断表

序号	工程类型	损坏部位	修复意见
1	地基基础	主楼、后楼、平房、门楼、院墙	根据设计方案，进行整体加固
2	墙体	主楼、后楼、平房、门楼、院墙	门窗口有改动的要恢复原样；院墙缺损的要按原样补砌；墙帽按原样恢复；已损坏的烟囱要在原位置上按原样恢复；墙身潮湿的查明原因；防潮层失效的要修复
3	屋面	主楼、后楼、平房、门楼、长廊、平台和躺沟、落水管	已改为红陶瓦顶的屋面全部恢复为大筒瓦顶；屋面烟囱在原位置按原样恢复；长廊、平台重做垫层、防水层，做红泥砖面层；躺沟、落水管要用原材料按原样恢复
4	内檐装饰	主楼、后楼、平房、长廊	全部铲除旧墙皮、顶棚、装饰线，按原样恢复；保留主楼部分房间的顶棚花饰、壁炉，顶棚花饰残缺的部分要按原样补齐；卫生间、厨房的瓷砖、洁具全部清除，用原材料恢复；护墙板、橱柜、壁柜按原样修复，金属件配齐；全部铲除室内、廊内的墙皮、顶棚，按原样恢复；卫生间镶贴瓷砖，查明原因，彻底解决潮湿问题；清除长廊内后添的构筑物
5	外檐饰面	主楼、后楼、平房、门楼、院墙、长廊、坡道、台阶	铲除全部外墙水泥饰面，按原工艺原样恢复；板瓦花景窗改动的要用原材料按原样恢复；丢失损坏的窗口护栏按原材料、原花饰制配齐；门窗口改动的按原样恢复；部分铲抹墙体饰面，修补残墙，清洗石材；墙帽按原材料、原工艺恢复；恢复长廊的细部装饰；坡道、台阶根据损坏情况修复，残缺的要用原材质原样配齐
6	木外廊	主楼、后楼	一层腐朽的柱根可墩接、修补，整理变形，归安；添配栏杆、扶手；检查调整龙骨，新换地板
7	木门窗	主楼、后楼、大门	全面检修原建筑存留的原门窗，有改动的、后添置的，要按原式样恢复；五金件要用原材质按原式样复制；全部更换玻璃；彻底检修，配齐铁件，不能走扇
8	木楼梯	主楼、后楼	全面检修、更换休息平台地板，个别踏板根据损坏情况修、换；按原样添配、修复扶手和栏杆
9	木构件	主楼、后楼、平房	全面检查，凡后配的木构件全部按原建筑的细部做法恢复，有刻痕花纹的要按原样恢复
10	地面	主楼、后楼、平房	拆除全部木地板，检修木龙骨，按不同的原样式恢复木地板；一层已改为水泥地面的恢复地砖；重做廊步地面；清除旧水泥地面，做垫层，铺设地砖
11	水、电	主楼、后楼、平房及其他	重新设计安装全部电气及照明系统，添置、配齐原式样的灯饰；主楼增设避雷装置；院内增加照明；重新设计安装给水、排水系统及供热系统
12	地下室	主楼	清除积水，查明原因并修复
13	庭院景观	院内	全部按始建时的原貌恢复喷泉、花坛、卵石甬路和假山；保存有价值的树木；增设休闲凳、椅和雕塑等

六、文献调研

风貌整理公司与吉林省社会科学院联合开展了"末代皇帝溥仪在天津"课题的研究工作。通过查阅全国各地大量相关档案及图书，采访多位皇族后裔及对收集到的上千幅历史图片、120万字历史文献资料及数十件实物进行梳理，全方位、多角度地挖掘静园的历史文化内涵，不仅使静园能够凭此落实"修旧如故，安全适用"的整修理念，同时还收获了大量宝贵的文化研究成果：整理1929年7月9日至1931年11月10日溥仪在静园居住期间发生的重大历史事件和其接见的重要历史人物，并在此基础上撰写出《溥仪在天津大事记》，出版了《围城纪事——末代皇帝溥仪生平画传》，撰写了长篇文章《末代皇帝溥仪在天津》，制作了电视专题片《静园春秋》。在此过程中，吉林省社会科学院的王庆祥先生和伪满皇宫博物院为静园整修提供了大量复原线索，包括静园主楼各房间用途的确定以及室内家具、陈设、装饰及生活用品的复原和仿制。这些都为布置和筹建爱新觉罗·溥仪展览馆、静园修复展览馆奠定了坚实的基础。

第三章　项目综合评估

第一节　价值评估

静园建筑经历多次自然灾害和人为损坏，但其建筑主体风格、建筑形式、建筑材料并未有重大损失，建筑的原真性得到保存。因此，应从建筑价值和历史人文价值两方面评估静园，为其整修复原和再利用提供良好的依据。

一、建筑价值

静园在建筑特色上，可以用独特、丰富和精妙来概括。

1. 建筑形式独特

静园建筑为折中主义风格，外檐使用黄色拉毛墙面、红色大筒瓦顶和连续拱券，同时内饰装修中使用马赛克、壁泉和彩色玻璃等装饰物，都带有明显的西班牙式建筑的特点。但主楼整体在水平方向上伸展，并与原图书馆由游廊相连，带有日式建筑的特点，室内的木制装修如护墙板、屋顶天花等也带有显著的和式风格。此两种风格的混合在天津并不多见，而且搭配得当，色彩柔和，比例协调，创造了静园独特的建筑风格，从而在天津近代建筑中独树一帜。

2. 建筑细部丰富

静园建筑因其独特的风格，汇聚了多种各具特色的建筑材料和建造工艺。首先，静园为砖木体系结构建筑，其承重结构所用的木屋架、砖墙、木龙骨均为原物，大部分室内外装饰物如木制雨篷、护墙板、天花、酒柜、螺旋柱和壁炉等做工细致，而且保存较好。水泥拉毛外墙、铁制窗护栏、门厅琉缸砖下碱、小青瓦砌筑的露台栏板、窗间小螺旋柱、议事厅云彩花饰等则形式新颖，颇具"工艺美术运动"风格的设计感。同时，在查勘中发现，静园的外围护结构虽受到较大损坏（包括具有天津传统特色的大筒瓦顶被改换成红陶挂瓦，原有的菲律宾木门窗被更换、封堵者甚多，而且大多数的彩色玻璃如主楼楼梯间的彩色玻璃和正立面圆窗的彩色玻璃不存，室内一层原有的木地板在抗震加固时被换成水泥地面等），但是按照现存样式恢复，必定使静园的艺术完整性得到完美体现。

3. 设计建造精妙

在设计建造上，静园融合东西方工艺之特色，既有西方建筑的华丽、繁复，也有东方建筑的清雅、含蓄，细节处理手法精妙，令人赞叹。外檐墙面的水泥拉毛工艺、议事厅的天花抹灰工艺、装饰性木构件的人字纹饰、室内壁泉镶小马赛克工艺等，不仅突显了静园折中主义和装饰艺术风格的特点，而且因其建造的手法精妙，处理得当，使其优雅而不落俗套，稳重而不失洒脱，实为建筑建造的上乘之作。

二、历史人文价值

除去优秀的建筑价值，静园因为曾是末代皇帝溥仪在天津寓居时的旧居，所以有着其他许多宏伟建筑难以企及的历史人文价值。其历史人文价值可以从以下几点分析。

1. 从"号令天下"到"静观其变"——社会政治变革的见证

静园作为溥仪在天津的临时居所，见证了溥仪从高高在上的皇帝到仓皇避难的逊帝的变化。这是中国近代史上

最重要的一页，最生动、深刻地反映了当时社会政治形势的变革。而静园正是与这样的历史人物、事件相联系，因此有着重要的史料价值。

2. 从紫禁城到小洋楼，"人一龙一人"转变过程中的重要阶段

溥仪的一生可谓跌宕起伏，人生的戏剧性莫过于他的"人一龙一人"之转变过程。在这个过程中，溥仪在静园的日子见证了他从"龙"到"人"过程中的重要思想转变和历史事件，不仅对于研究溥仪具有重要的历史意义，而且对于研究中国近代史亦有重要意义。

3. 从锦衣华服到西装革履——社会生活变革的见证

溥仪退位是中国近代史上一个最典型的变革缩影，除去深刻的历史意义，其实溥仪在静园期间的衣食住行、社交活动等，也以静园为背景，集中反映了近代社会生活的巨变。住洋楼，穿洋装，乘坐汽车、地铁，结交洋人，穿梭于咖啡馆、饭店、跑马场和舞会，中国人的生活和思想受到了西洋文化的冲击。溥仪在静园的日子，可以成为关于中西文化交流和碰撞的最具代表性的事件之一。

第二节　保存状况评估

综合查勘情况，认为静园在建筑风格、材料、工艺上基本保持了建筑原有的真实性，虽然历经百年，有大量人为损坏和自然损坏现象，但在修缮后可以令其恢复原貌，而不损失其历史真实性。建议按照国家有关法律法规，恢复静园风貌，并通过功能的适当调整，使静园满足当代的使用需求，方便以后的合理利用。

表1　主体结构（砖墙）保存状况

	损坏类型	表现	原因	受损程度
砌体	开裂	有裂缝	地基不均匀沉降	30%
	变形	墙面凹凸不平	修建或不均匀沉降	60%
	移位	渗水	楼板与墙接缝处灰缝松动、脱落	50%
木龙骨	变形	截面尺寸较小，不能满足现在的荷载；木质、钢筋等糟朽、锈蚀、损坏		20%
	开裂	变形过大；木质风裂；保护层脱落		40%

表2 内外檐墙面保存状况

	损坏类型	表现	原因	受损程度
水泥拉毛墙面	层状脱落	表面崩解，呈鳞片状层层脱落	干湿交替	20%
	黑壳	灰黑色坚硬易碎，自下而上脱落，粉化	大气中的二氧化硫	20%
	风化	表面酥脆、分解、模糊、脱落等；渗水（风化严重）	温度和风蚀	40%
	表面沉积	黑色污垢	灰尘累积	50%
	锈迹	黄棕色锈迹	金属物的氧化；涂料、灰浆等化学物质的蚀化；湿气凝结	60%
		污染		
		表面变暗、泛黄		
	灰缝酥松、脱落	外力下灰缝裂缝	锈蚀；人为；植物生长	30%
抹灰	膨闪	水泥砂浆脱落	温度、风雨侵蚀	30%
	裂缝		温度、施工工艺	30%

表3 屋架、屋面保存状况

	损坏类型	原因	受损程度
木屋架	表面裂缝	收缩不均；环境、人为因素	20%
	弯曲变形	受潮；地基沉降；檩子过细、梁架断面小	10%
	断裂	环境因素；虫、菌等严重侵蚀；外力作用	5%
屋面	非原物	震后维修时改动	100%

表4 木质构件及门窗保存状况

	损坏部位	损坏类型	受损程度
木质构件	护墙板	糟朽、变形、磨损严重	70%
	踢脚	糟朽、变形、磨损严重	80%
	木地板	开裂、起翘、磨损严重	60%
	扶手、栏杆	风化、变形、磨损严重	40%
门窗	贴脸、筒子板	磨损严重、损坏、不存	70%
	门窗扇	变形、损坏、重新油饰	60%
	五金件	非原物、变形、磨损严重	80%

第三节　危害因素分析

一、自然力作用

1. 自然风化

自然风化作用，导致静园大部分承重构件和外围护结构存在一定程度的老化，比如砌筑砂浆的承载力严重下降、木构件风裂、砖石构件碱蚀脱落等。

2. 水蚀

水蚀作用导致静园屋顶、门窗等木构件存在一定程度的糟朽现象；地下室长期积水，防水层失效。

3. 地震

地震导致基础沉降、墙体多处开裂、屋架有松散变形现象，个别木构件折断，原有大筒瓦顶损坏。

二、人为损坏

1. 多户伙居

随意拆改室内布局，室内外装饰物件的损坏、丢失，乱接管线、私搭乱建现象严重等，使得静园不仅毫无艺术美感可言，还存严重安全隐患。

2. 日常使用中的损坏

日常使用中的损坏包括门窗拆改，木地板、木楼梯的磨损，基础设施老化等。

窗与屋顶

二层内景

后院附楼走廊

楼梯 1

楼梯 2

园内的铁栅栏

大厅

楼梯 3

外景回廊

二层阳台门

楼梯 4

第四章　静园修复方案设计

第一节　设计修复的理念和原则

静园作为天津市重点文物保护单位和天津市历史风貌建筑，其修复工作要认真执行《中华人民共和国文物保护法》《天津市历史风貌建筑保护条例》《天津市历史风貌建筑保护修缮技术规程》及国家法律行政法规的有关规定。

《中华人民共和国文物保护法》第二十六条规定，"使用不可移动文物，必须遵守不改变文物原状的原则，负责保护建筑物及其附属文物的安全，不得损毁、改建、添建或者拆除不可移动文物。"天津市于2005年通过了《天津市历史风貌建筑保护条例》，提出对历史风貌建筑的界定，对保护、利用和管理历史风貌建筑给予具体的法律规定，并明确相应的法律责任和处罚措施，具有较强的可操作性。

静园整修中，按照《中华人民共和国文物保护法》及相关法规规定，在整修过程中，不改变建筑的外部造型、饰面材料和色彩，不改变内部的主体结构、平面布局和重要装饰。因此，在整修过程中，本着确保结构安全、恢复建筑原有风貌、完善使用功能的理念，进行了系统、全面的设计与施工。

静园的保护修缮遵循以下原则。

①静园主要建筑的修复采取的是"不改变文物原状"和"安全适用"的原则。在保护修复过程中，必须根据相关的历史资料，确定该建筑的原貌，包括它的整体特征和细部装饰特征。在进行修缮的过程中不得改变建筑原有的立面造型、结构体系、平面布局及典型的内部装饰，绝不能改变原建筑的艺术风格，修复后要能体现静园始建时的建筑风貌。同时，完善和提高静园的使用功能，如消防、水电、制冷、供热、燃气、通信、排水等配套设施，满足基本使用的要求。

②建筑单体和整体环境统一的原则。静园建筑单体的整治必须与所在地段整体环境的整治整体考虑。在建筑

"修旧如故"的同时，院内的环境设计也要恢复当时的风格特点，尽最大可能体现其原貌。

③静园的保护修缮过程要坚持"原形式、原材料、原工艺"的原则，尽可能保证原汁原味。

④安全性原则。通过增设消防、监控、避雷设施，提高静园的防火安全等级。

第二节　本体保护设计方案

一、建筑修复设计方案

静园是庭院式住宅，修复工作要保持该建筑的东西方融合的建筑艺术特征，恢复各种不同的建筑艺术风格，充分体现东西方综合型建筑的综合艺术风采。同时，庭院景观也要按原貌恢复，完美地表达静园庭院园林和建筑艺术风格。

修复工作结构安全要放在第一位，通过查勘、鉴定，发现存在安全隐患的部位、构件，坚决更换、加固。修复后改变用途增加荷载的部位也要加固补强并在修缮过程中增加抗震措施，保证结构的安全。

在修复工作中拟增加改造一些配套设施，如消防、水电、供热、燃气、通信、排水、景观照明等，完善和提高使用功能。

（一）功能设计

鉴于静园特殊的历史和文化背景，依据《中华人民共和国文物保护法》和《天津市历史风貌建筑保护条例》，结合静园整体的保护、规划和定位，静园的功能设计方案如下。

①充分利用静园的庭院景观、院内平房和主楼部分房间，满足面向公众的游览功能。原图书馆可用作静园整修展览馆及纪念品销售处，平房用于百年静园图片展及办公。

②充分利用静园的主楼和附属楼，开辟一定的办公用房及小型会展中心。

主楼一层平面图

主楼二层平面图

（二）外檐修复设计

1. 墙面

静园主楼外檐墙面为水泥抹灰饰面，经查勘，大多空鼓、残损、裂缝，石材污染，坡道、台阶有缺损，墙帽破损。

设计中对于结构完好的墙体，建立模型进行系统分析，确定具体清洗办法，西侧院墙保留历史痕迹。对于结构损坏较严重部位的墙体，按原建筑的营造做法、艺术风格和构造特点，用原材料、原工艺进行修复，即对墙面进行铲抹，修补残墙，清洗石材。为确保修补的抹灰墙面与原有墙面效果相同，通过调整不同的材料配比进行样板试验，确定最佳的修补效果；墙帽按原材料、原工艺恢复原样；长廊的细部装饰按原式样恢复；坡道、台阶根据损坏情况修复，残缺的用原材质原样配齐；主楼与附属楼间新设玻璃罩棚。

2. 门窗

原建筑留存的门窗损坏严重，门窗式样改动较大，门窗的五金件、配件多不是原物，玻璃损坏。在尊重历史现状的基础上，设计中对门窗做到有依据地复原。对于窗扇

主楼整修前的外檐效果图

主楼整修后的外檐效果图

主楼西立面彩图

大门彩色立面图

红色陶瓦屋面

浅黄色水泥饰面

水泥仿古典柱式

石砌门套

粘土砖基座

外立面修复方案

尚存的,保留其原有窗扇式样,检查其木料、榫卯的残损情况,对其进行加固、替换,对于不能继续使用的,按原式样、原尺寸重做;对于窗扇已经缺失的,参考周围历史建筑中尚存的、通过鉴定认为是历史实物的门窗式样、尺寸,对缺失的门窗进行恢复。

3. 屋面

在整修前静园的屋面为1976年地震后铺设的水泥平瓦屋面,但经考证其原貌为极富天津地方特色的大筒瓦屋面。因此,设计上依传统工艺做法,按照清理基层—抹草泥—分瓦垄—卧瓦—做灰梗的顺序恢复大筒瓦屋面,恢复了静园初建时独特的西班牙风情。屋面烟囱在原位置按原样恢复,躺沟、落水管用原材料按原样恢复。

入口复原效果图

连廊复原效果图

主楼东侧复原效果图

西跨院复原效果图

外檐玻璃维护 1

外檐玻璃维护 2

（三）室内修复设计

1. 天花顶棚

静园会客室及原餐厅顶棚原有的独特云彩花饰，整修前已残缺不全。对此，进行原件取样、制模、反样，完全按照原有样式恢复。对于其他地方的天花灰线、灯池也严格按照原有样式复原，从而使得修复后的静园忠实反映历史原貌，在建筑整体和建筑细节上达到和谐与统一。

2. 地面

静园室内木地板磨损较严重，部分已改为水泥地面。整修时，拆除全部木地板，检修木龙骨，然后按原样式恢

复室内地板。对于主楼一层地面花砖，清理后按原样恢复。后楼一层室内及廊步地面改为铺设地砖。

3. 木楼梯

楼梯保存相对完好，全面检修后，更换休息平台地板，根据情况修、换个别踏板，修理、添配扶手和栏杆。

4. 其他

建筑内部的雕塑、线角、柱头、壁炉、壁池、门窗五金件等应与外檐一样，保持建筑形象、颜色与原有风貌特征一致。

过厅复原效果图 1

过厅复原效果图 2

门厅复原效果图 1

门厅复原效果图 2

多功能厅复原效果图 1

多功能厅复原效果图 2

餐厅复原效果图 1

餐厅复原效果图 2

文史展室效果图 1

文史展室效果图 2

文史展室效果图 3

文史展室效果图 4

二、结构设计方案

建筑结构体系的改造方法一般有三种：一是以建筑原有结构体系为基础，并对原有结构体系适当加固，从而满足新的使用功能要求及现有规范；二是加固原有结构体系，同时增加新的结构体系，使新老建筑结构共同承担荷载；三是完全脱离原有结构体系，完全由新结构体系受力承载。结构体系的加固必须以保护历史建筑的真实历史信息为前提，同时应当综合考虑满足历史建筑新的使用功能要求。

经专家会论证，静园结构体系的加固采用第一种方法，保留原砖木结构体系，发挥原结构的潜力，避免不必要的拆除和更换，在确保结构安全的前提下，保持原有建筑的外观不变，维护建筑的原真性。

1. 基础

地基发生了不均匀下沉，导致墙体多处裂缝、门窗口开裂，尤其是主楼东南角墙体、地面下沉严重（沉降量达16cm）。东南角处对上部结构进行支顶，现有基础重新砌筑。其余部位基础挖至好土层，回填土石屑至原建筑基底标高，分层夯实，基础砼强度等级为C30，防潮层用强度等级为C20的细石砼，砖强度等级为MU10，水泥砂浆强度等级为M5。

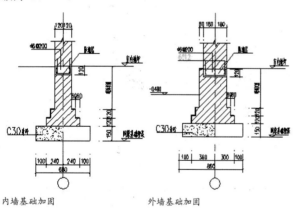

内墙基础加固　　　　　外墙基础加固

2. 防潮层

静园房屋年久失修、失养、损坏严重，尤为突出的是大部分旧有房屋防潮层的老化损坏，致使外墙碱蚀酥落、内墙潮湿霉变，影响使用。无架海掏换防潮板带维修技术已在天津市房屋修缮工程中使用多年，是一种成熟的技术，在保证结构安全的基础上，花钱少，速度快，效果好，扰民少，可大大改善房屋使用条件，延长房屋使用寿命，获得经济、环境与社会效益。

3. 墙体

主楼、书房、后楼、平房、门楼、院墙、长廊墙身、门窗口多处裂缝，内墙没有防潮带，墙体下部潮湿，门窗口有改动，围墙墙帽破损。根据损坏程度的不同，对后楼及附属平房部分损坏严重的墙体重新拆砌，外部保持原貌不变，对开裂墙体采用现浇细石砼板带加固或钢筋网抹灰加固，对碱蚀墙体进行掏砌，内墙增加预制砼防潮带，内墙采用双面钢筋网砂浆进行加固，外墙内侧采用单面钢筋网砂浆加固。

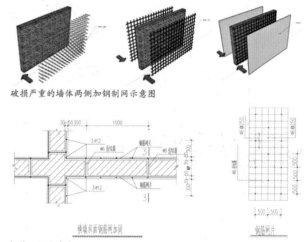

破损严重的墙体两侧加钢制网示意图

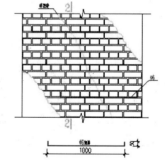

横墙双面钢筋网加固　　　　钢筋网片

钢筋网加固详图

墙体裂缝修复详图

4. 木结构

（1）木龙骨

经查勘，对于糟朽、开裂较严重的木龙骨，按原几何尺寸对木龙骨进行更换处理；对于端头局部糟朽的木龙骨，可采用木夹板穿钢螺栓进行加固处理。

（2）木屋架

通过采用钢筋插入、打夹板、碳纤维加固、用相同材料填充破损部位等方式，使静园屋架承载能力整体提高。

静园屋架为"人"字形木屋架，存在的主要问题有：个别部位折断、劈裂，檩距过大，水平拉杆和剪刀撑不全，土板糟朽等。按照规范，对于那些现状不能满足承载力要求的木结构构件，设计方案一般有二，一为拆除重做，二为加固补强。出于对建筑真实性的考虑，将现屋面拆除后，仔细检查屋面所有木构件，对于开裂严重或糟朽不能修复的重新更换，所更换木构件材质及尺寸与原木构件相同；除按上述要求进行部分更换外，还每隔一定间距增加一木檩，相应需设木柱部位增设木柱；同时按有关规定进行防腐及防虫处理。对于可以修复的构件，则在原有结构基础上通过打夹板和使用碳纤维布加固的方法对受损构件进行补强。碳纤维加固的原理是将碳纤维布采用高性能的环氧类黏结剂黏结于混凝土构件的表面，利用碳纤维材料良好的抗拉强度达到增强构件承载能力及刚度的目的。这种新技术虽然花费较高，但高强高效、施工便捷、耐腐蚀及耐久性能良好，而且加固修补后，基本不增加原结构自重及原构件尺寸。

木屋架加固技术示意图

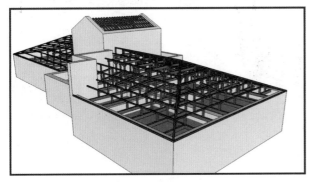

木屋架结构复原示意图 1

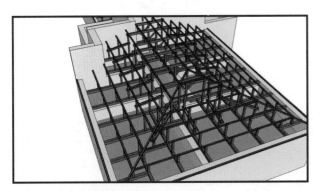

木屋架结构复原示意图 2

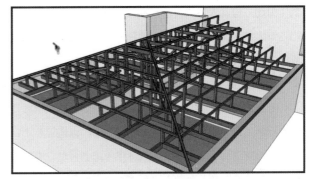

木屋架结构复原示意图 3

木屋架结构复原示意图 4

三、设备设计方案

依据静园"不改变文物原状"和"安全适用"的设计理念，在尽可能恢复静园原貌、保证建筑结构安全的同时，为改善和提高静园的使用功能和使用价值，对静园的采暖空调、给排水、电气等配套设备设施进行设计改造。

（一）采暖空调改造

建于1921年的静园，拥有当时非常先进的燃煤锅炉采暖系统，锅炉房设在地下室，每个房间都装有铸铁散热器。但是由于年久失修，这一系统早已废弃。腾迁前的居民主要靠老式的蜂窝煤炉采暖，生活极为不便，且存在严重的安全隐患。

经调查，静园所处的鞍山道地区的城市供热管网不能满足静园集中供热的需要。因此，为了满足建成后冬季采暖、夏季制冷的双重需求，采用了吸收式冷温水机系统。为了不影响院落的整体效果，将主机安放在后院；为了不破坏室内顶部装修的整体效果，选用了落地式的室内空调器，将空调系统的冷媒管道隐藏在地板龙骨下，既满足施工技术的要求，又很好地保证了制冷效果。在使用中，制冷和供暖效果完全能满足使用功能。该空调系统采用天然气作为动力源，天然气为一次能源，电力为多次能源，相比之下天然气是环保的能源。使用天然气也响应了天津市政府的"蓝天工程"号召，做到了节能减排。

（二）给排水改造

静园内原有的给排水系统，在40余户居民超负荷使用的情况下，已经基本瘫痪。因此，在整修、改造过程中，对这一系统进行了重新设计。设计中考虑到游览、办公等使用需要，在主楼、后楼、平房增设了卫生间，并进行了与建筑整体风格相协调的装饰装修。

（三）电气自动控制改造

静园内原有的电气系统，仅限于照明及居民简单的生活需求，远远不能满足现代办公、安全保卫系统的需要。因此，在整修、改造过程中，对这一系统进行了重新设计，增设了电视监控系统、消防自动报警系统、防盗报警系统。

四、景观设计方案

静园原先的环境设施保存已不完整。前院曾经是花园，仅甬路石铺地还有部分保留。主楼西端外廊延伸出一段游廊，划出西院，原有的龙形喷泉、花台、花钵在整修前已破败不堪、面目全非。原先游廊一端有一座典型日式花厅，厅前有假山，整修前大多已无存。

通过查阅相关历史文献，采访老住户并请教有关专家，挖掘静园景观的原貌，恢复其原有的庭院景观：前庭院作为景观主院落，恢复原有的花池、喷泉；西跨庭院作为休闲庭院，恢复原有的龙形喷泉、水刷石花钵和假山；后院结合使用功能，作为功能性使用庭院，布置部分设备，同时增加后院的景观绿化，使其与前院形成整体的景观绿化空间。

静园庭院设计方案以保护其历史价值为原则，同时结合在其修缮后的功能要求为依据进行设计。

庭院主体采用河卵石铺地，周围种植庭院植物，力求清雅素静。结合现代的功能的需要在前院作了停车场，并在庭院中心复原了水池假泉，使其成为庭院的中心景观，并且和主楼入口和庭院南墙上的壁泉成为景观主轴线。

前院南墙处结合功能需要和景观视觉美感的需要在车位处设计了景观架，此外还保留了原有的消火栓，作为景观小品。

静园西跨院壁泉根据现场部分构建的痕迹结合历史见证人的回忆，复原了藤萝架。

庭院植物以保留原有植物为主结合绿化需要种植了乔木，灌木，花卉和草坪植物，如国槐、杨树、青桐、白蜡、西府海棠、竹、月季、芍药、菊花等。

壁泉复原方案

假山复原方案

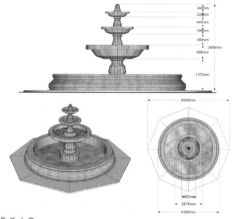

主院喷泉复原方案

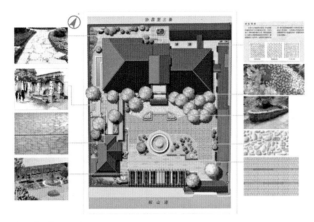

庭院景观复原方案

在恢复静园原有院落景观的基础上，还着重解决如下几个问题。

首先，整修前静园院内道路狭窄，交通不畅，缺少必要的停车空间。设计中通过合理布置景观要素规划出人行、车行和停车空间，解决了院落交通问题。

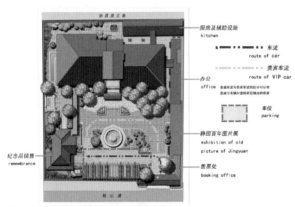

庭院车流分析图

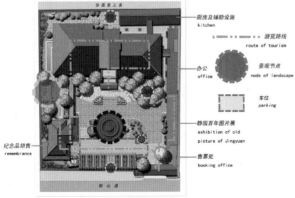

静园景观分析图

其次，整修前整体绿化差，没有相应的开放空间，环境品质不高。因此，在尽量恢复原貌的前提下，结合修复后静园将作为展览馆的功能定位，对其院落进行景观节点设计：在主院中心位置添置与静园总体风格相一致的花坛；美化原有的藤萝架；恢复西院壁泉等，极大提升了静园空间的趣味性和层次感。

最后，针对以上提出的景观设计要求，选取适宜的植物进行重点绿化：在中心花坛区植小紫叶李、大石榴、金叶女贞和观叶球形植物；在停车场、壁泉和主入口处则进行点缀式绿化。

楼前庭院景观效果图

中心喷泉绿化景观效果图

第三节　防护设施建设设计方案

一、消防

遵照《中华人民共和国文物保护法》《天津市历史风貌建筑保护条例》和《房屋修缮工程技术规程》的要求，充分考虑建筑物的消防安全，在静园设计过程中，将房屋结构安全、房屋装饰与建筑物的消防安全统一进行考虑。设计时，通过在木材表面涂防火材料来提高防火等级；对静园的供电系统进行更换，按照有关标准配置电线；每个房间设立分路控制的电闸箱，铺设防火报警系统；在院内和楼内明显处设置消防器材箱，同时设立多处严禁烟火的警示牌、消防应急灯、安全出口指示牌等设备，能够做到及时疏散，最大限度地满足消防安全要求。

二、技防

结合"安全适用"的设计理念，为加强静园复原后的运营和管理，保证建筑财产的安全，在静园设置了电视监控系统和防盗报警系统等。

（一）电视监控系统

闭路电视监控系统的主要任务是对建筑内外重要部位的事态、人流等状况进行宏观监视，以便于随时掌握建筑内外的各种活动情况；在特殊情况下，还应对防火、防盗所发现的异常情况进行监视取证。监控系统做到区域防护，即提供一个安全舒适的环境，如果出现可能影响到正常秩序、人身财产安全、公共设施安全的不正常情况，可以立即向控制中心发出报警信息，控制中心做出相应的处理。

系统采用数字硬盘录像，对特定的目标进行定点保护，如主入口、展馆等重要场所设置摄像机。闭路电视监控系统由前端监控、传输线路、中心控制、显示及记录部分组成。

系统前端监控设备将监视部位的视频信号传送到主控室，接入硬盘录像的输入端，通过编程可归类将不同区域的视频信号输出到监视器上进行轮巡或定格切换监视器（便于管理），在监视器上同时可显示对应画面图像的摄像机编号或字符标题，保安员若监视到某一部位可疑，或想看到某一摄像机的图像，可在操作站上用鼠标点击该部位的摄像机图标或编号，将其图像切换到主监视器或显示器视频窗口上。录像机具有时间、事件记录功能，利用这

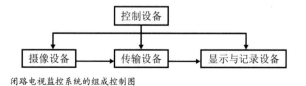

闭路电视监控系统的组成控制图

一功能可以对包括记录在内的一些功能预先设置参数，使这些功能在一天中的某个时刻启动，同时操作员可依照时间、事件查找录像资料。硬盘录像机的显示器上都能够监视到这些重要部位的图像。

（二）防盗报警系统

防盗报警系统采用了吸顶双鉴报警探测器与壁挂双鉴报警探测器。系统由前端防盗探测器、前端信号采集输入控制器、中央管理控制系统三部分组成。前端防盗探测器是整个防盗报警系统的防范关键，由适合各类安装场所要求的前端防盗探测器组成，为整个防盗报警系统提供报警信号。前端各类探测器在安装上结合静园的实际情况，在保证有效防护的前提下，做到了防护有效，既具有威慑作用，又具安全性、隐蔽性。前端控制设备用于采集前端探测器的状态信号，将前端开关量信号转换成数字信号，并将信号向中央控制器发出报警。采集输入控制模块接收前端报警信号、故障信号，并提供与相关系统的联动通信接口。中央管理控制系统是整个安全技术防范系统的核心，更是整个安全技术防范系统的指挥中心。中央管理控制系统通过数据通信，显示和储存所有的前端信号，并通过按使用、管理等要求编制的程序，自动完成各类报警处理功能，完成系统的综合管理。另外，作为整个安全技术防范系统的指挥中心，中央管理控制系统还可提供与其他相关系统的信息通信接口，实现系统信息数据库资源的共享。

三、防雷

参照《建筑物防雷设计规范》（GB 50057—2010），静园工程的防雷等级为二级，并做如下设计。

①屋顶设避雷网，采用ϕ10的镀锌圆钢沿挑檐明敷，凸出屋面的所有金属物体均与避雷网焊接。防雷引下线为两根ϕ>16的镀锌圆钢沿墙暗敷至地下，与大地可靠连接，并在距地500 mm处预留防雷测试点。

②工程采用TN-C-S系统，三相五线制。采用人工接地，接地电阻小于1Ω。接地极采用镀锌圆钢ϕ18×2500 mm，若接地电阻达不到要求，另加人工接地体。

③各种金属管道在入户处做总等电位联结。通过对静园建筑物增设防雷措施，能有效避免雷电对建筑和人造成的危害。

工程管理篇

为保护静园等一大批建筑文化遗产，天津历届政府均做了极大的努力。2005年7月20日，天津市人大常委会颁布了《天津市历史风貌建筑保护条例》，建立了一套高效有序的保护体系，将静园等746幢历史风貌建筑纳入了保护范围。同时市政府于2005年出资组建了天津市历史风貌建筑整理有限责任公司，针对损坏严重、亟需保护的历史风貌建筑开展整理工作。

To protect historical architectures, all previous governments of Tianjin have been making great efforts. On July 20th 2005, Tianjin Municipal People's Congress issued the *Regulation of Tianjin Historical and Cultural Architectures Protection* to establish an efficient protective system. Jingyuan and other 745 buildings were included into the protective range. Meantime, Tianjin government funded to establish Tianjin Historical Architecture Restoration and Development Co., Ltd.(THARD), aiming to repair buildings which are seriously damaged and urgently need to be protected.

津城静园

第五章 工程管理规划与质量保证体系

第一节 工程管理组织与规划

一、工程管理组织

建立建设单位、设计单位、专家组合作团队，及时进行技术方案的讨论，技术上有疑义的地方及时沟通。施工现场建立现场管理体系，由风貌整理公司、天津市房屋鉴定勘测设计院、天津大学建筑学院、天津市方兴工程建设监理有限公司、天津华惠安信装饰工程有限公司及管理部门进行管理。此管理体系主抓施工现场、施工进度、工程材料管理。

工程开工前由建设单位工程开发部明确项目责任人，

现场维护工作

现场生活区

专家到现场指导工作1

专家到现场指导工作2

项目接任后，必须熟悉所接任项目的招标文件、设计图纸、工程现场情况，拟定施工队伍进场计划和现场准备措施，并做好现场文明施工维护工作。

工程动工后及时组织召开每周工程例会，协调施工、

监理、设计、专家组、建设单位五方日常管理和技术管理中的各项事务。形成统一做法，安排落实方案，传达建设单位《第一次工地会议议程制度》《工程项目现场管理制度》《监理工作管理制度》《驻地监理工作考核制度》《历史风貌保留项目制度》《工程质量管理制度》《工程质量问题（事故）处理制度》《安全管理制度》《施工用水、电管理制度》《工程技术资料及施工图表签报程序制度》《工程施工现场签证管理办法》等各项管理制度。

严格执行各项管理制度，强化工程节点进度计划考核和每月20日的监理工作日常考核。

加强日常巡查，纠正施工、监理工作的错误行为。协调配合施工单位做好土建施工。参加各分部分项工程的验收，协调政府行政管理部门的质检安检活动，核签各分部分项验收工程的资料。

项目管理人员必须严格要求自己、努力学习、积极工作、不断提高自身项目管理素质，认真细致地分类收集下述备查报表：①监理工作规划和监理月报；②工程周例会纪要和工程缺陷统计报表；③原始测量记录；④工作联系

函及工程标外签证单。

施工前细致安排施工计划。以安排工程计划进度为原则，加强施工协调，安排交叉施工，避免施工高峰，从而有利于施工搭接。

组织做好各有关工种的中间验收工作。做好工程现场标准化管理。在工程实施过程中，必须遵守文明施工、环保施工、安全生产各项规定。根据施工总进度，分阶段地调整施工现场平面布置图。根据施工通道及场地按计划进料，尽量避免施工高峰时材料对施工场地的占用。

表1 劳动力计划表

分步工程	按工程施工阶段投入劳动力情况									
工种	瓦工	木工	油工	电工	壮工	架子工	水暖工	电焊工	油毡工	钢筋工
拆除清理阶段	10	6	—	3	40	8	4	2	—	—
基础主体阶段	20	6	—	30	30	4	4	2	—	6
屋面抹灰阶段	30	10	—	6	40	8	8	—	6	—
内外装修阶段	30	40	15	6	30	8	10	3	3	—
油漆粉刷阶段	10	20	20	10	10	4	10	3	—	—
水电拆装阶段	8	4	6	10	15	—	10	—	—	—
清理卫生阶段	—	—	—	—	20	—	—	—	—	—

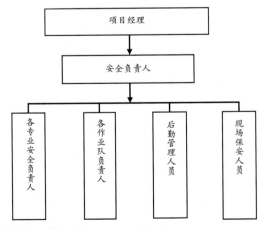

施工单位安全人员组织图

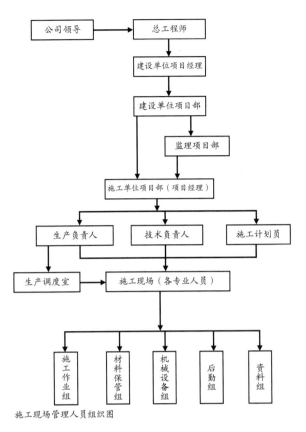

施工现场管理人员组织图

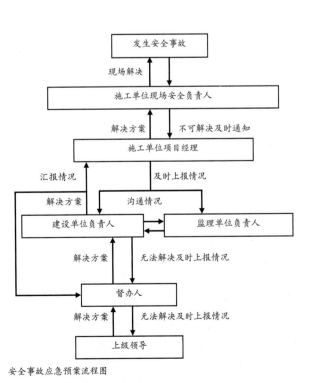

安全事故应急预案流程图

二、工程计划

1. 工程程序计划

①首先，经现场查勘及合作专家团队论证，确定静园修缮工程中所需保留的项目（如壁炉、门窗、木作、外檐形式等），施工前制定行之有效的保留措施。施工过程中，首先进行主体加固施工，加固施工完毕后再进行楼内装饰装修工程施工。楼内装饰装修工程施工完毕后，进行楼内配套设施的更新施工。最后进行静园院落的整体施工。

②该工程为二层砖混结构，局部三层。分部工程分为拆改工程、加固工程、抹灰工程（室内外）、门窗安装工程、楼地面工程、屋面防水工程、地下室防水工程、油漆粉刷工程。拆改工程由二层至一层，即由上而下施工，内外檐同时施工。

③抹灰工程由内至外施工，室内抹灰由上而下施工，室外抹灰由上而下施工。

④木门窗拆换、维修工程由上而下施工。

⑤楼地面施工自上而下施工。

⑥屋面防水工程分为两个施工段：拆换檩条、柱梁并进行防腐防火处理为第一个施工段，铺装屋面瓦为第二个施工段。地下室防水工程在施工的中后期进行。

⑦油漆粉刷工程：按由三层至一层的施工顺序。

⑧各分项工程，层内可以穿插进行装饰装修工程施工，先进行综合布线及水电管线施工，再进行装修工程施工，尽量避免出现后期剔凿及返工现象，以保证各工序的顺畅进行。

2. 工程时间、进度计划

①按施工阶段分解，突出控制节点。以关键线路为主要线索，以网络计划中心起止为控制点，在不同施工阶段确定重点控制对象，制定施工细则，以确保控制节点的顺利完成。

②按专业工种分解，确定交接时间。在不同专业和不同工种的任务之间，要进行综合平衡，并强调相互间的衔接配合，确定相互交接的日期，强化工期的严肃性，保证工程进度不在本工序造成延误。通过对各道工序完成的质量与时间的控制，保证各分部工程进度的实现。

③按总进度网络计划的时间要求，将施工总进度计划分解为月度和周等不同时间控制单位的进度网络计划。在工程施工总进度计划的控制下施工，坚持逐周编制出具体的工程施工计划和工作安排，并对其科学性、可行性进行认真的推敲。

④在工程计划执行过程中，如发现未能按期完成工程计划，必须及时检查，分析原因，立即调整计划和采取补救措施，以保证工程施工总进度计划的实现。

⑤各级管理人员做到"干一观二计划三"（即干一件事情，观察两件事情，计划三件事情），提前为下道工序的施工做好人力、物力和机械设备的准备，确保工程一环扣一环地紧凑施工。对于影响工程施工总进度的关键项目、关键工序，主要领导和有关管理人员必须跟班作业，必要时组织有效力量，加班加点突破难点，以确保工程总进度计划的实现。

⑥在施工生产中影响进度的因素纷繁复杂，包括设计变更、施工技术、机械、材料、人力、水电供应、气候、施工组织协调等等。要想保证目标总工期的实现，就要采取各种措施预防和克服上述影响进度的诸多因素，从技术措施入手是最直接有效的途径之一。采用先进的工艺，扩大成品或半成品的作业区外加工。缩短工时，减少技术间歇，实行平行流水作业和立体交叉作业，并结合季节的特点，编制施工技术措施，按网络计划确定各区域、各部位的最短施工时间。

⑦在保证工程劳动力需求的条件下，优化对工人的技术等级、思想、身体素质等的管理与配备。流水作业方式以均衡流水为主，以利施工组织，对关键工序、关键环节等影响工程工期的重要环节配备足够的施工劳动力。根据施工现场的实际情况，及时调整各作业面的施工力量，并根据需要增加作业班次，通过扩大作业面以及采取连续施工的方法，确保进度计划的准确完成。

⑧配备足够的施工机械，不仅满足工程正常施工的使用需求，还要保证有效备用。另外，要做好施工机械的定期检查和日常维修，保证施工机械处于良好的状态。

第二节　工程质量保证体系

按照国际标准化组织颁布的ISO9001质量标准，建立起一套行之有效的规范化的质量保证体系。该体系囊括了从工程项目的投标，签订合同到竣工交付使用，再到交工后保修与回访的全过程。该体系以程序文件为日常工作准则，以作业指导书为操作的具体指导，所有质量活动都有质量计划并具体反映到质量记录中，使得施工过程标准化、规范化、有章可循、责任分明。

建立以总监理工程师为首的质量监督检查组织机构。以监理单位为基础建立三级质量管理体系：一级是由总监理工程师组织设计单位及有关人员参加施工方案的确定，二级为现场监理专项工程师质量保障体系，三级为施工单位自身质量保障体系。

推行施工现场项目经理负责制，用严谨的科学态度和认真的工作作风严格要求自己。正确贯彻执行各项技术政策及施工方案，科学地组织各项技术工作，建立正常的工程技术秩序，把技术管理工作的重点集中放到提高工程质量、缩短建设工期和控制施工造价的具体技术工作上。

建立健全各级技术责任制，正确划分各级技术管理工作的权限，使每位工程技术人员各有专职、各司其事、有职、有权、有责。充分发挥每一位工程技术人员的工作积极性和创造性，为本工程建设发挥应有的骨干作用。

建立施工组织设计审查制度，工程开工前，对风貌整理公司技术主管部门及团队批准的单位工程施工组织设计进行落实。对于重大或关键部位的施工及新技术、新材料的使用，施工单位提前一周提出具体的施工方案、施工技术保证措施，鉴定证明材料呈报监理主管工程师审批。监理主管工程师组织团队进行审批，审批确定后安排施工单位进行施工。

各施工单位必须编制分项工程作业设计或施工方案，由施工单位报甲方、监理及合作团队审核后实施，方案必须符合工程的总体质量目标要求。

建立严格的奖罚制度。在施工前和施工过程中，项目负责人组织有关人员，根据有关规定，制定符合本工程施工的详细的规章制度和奖罚措施，尤其是保证工程质量的奖罚措施。对施工质量好的作业人员进行重奖，对违章施工造成质量事故的人员进行重罚，不允许出现不合格品。

建立健全技术复核制度和技术交底制度，在认真组织进行施工图会审和技术交底的基础上，进一步强化对关键部位和影响工程全局的技术工作的复核。工程施工过程，除按质量标准规定的检查内容进行严格的复查、检查外，在重点工序施工前，必须对关键的检查项目进行严格的复核。

坚持"三检"制度，即每道工序完成后，首先由施工作业班组提出自检，再由施工员项目经理组织有关施工人员、质量员、技术员进行互检和交接检，检查合格后监理及建设单位相关人员进行检查。

为了确保工程质量达到优质标准，每周至少定期一次由监理组织甲方、承包单位和各分包单位责任人参加质量检查，对各施工单位本周完成的工程的质量进行评定，对不合格工程或质量隐患下达整改指令，限期纠正，并进行跟踪验证。将评定结果在周项目例会上通报。

优化施工顺序，防止上道工序污染下道工序，如先做门窗油漆，后装五金零件等。所有成品、半成品都要采取适当的保护措施，防止污染。在涂刷内墙面和屋顶涂料前，对地面、窗台和踢脚线等先遮盖塑料薄膜等物。

各分项分部工程所用原材料、成品、半成品必须符合国家相关质量检验标准、设计和相关合同文件要求，材料进场时，要提供产品合格证和有效质量证明文件。对于进场材料（水泥、砌体、钢材、防水材料、木构件、门窗、油漆管件等）严格进行复试。

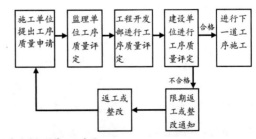

工序质量控制管理程序图

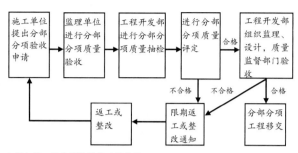

分部分项工程质量控制管理程序图

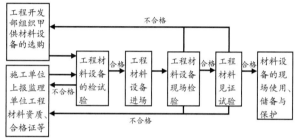

工程材料设备质量控制管理程序图

第六章 工程监理

第一节 工程安全施工的监理

施工单位施工前，必须对施工人员进行安全教育，并与风貌整理公司签订安全生产协议书。施工单位进场施工必须配置相应数量的专职安全管理人员，并向监理、风貌整理公司专职安全人员申报资质。

工程开工前，施工单位必须按甲方提供的平面图在指定区域内详细规划和合理布置现场办公、地材堆放、加工制作区域、施工用水和用电源位置、现场临时厕所位置，并绘图公布于施工现场入口的醒目位置，现场实物应与规划图相符。

施工单位须坚决贯彻"安全第一、预防为主"的方针。特种作业人员必须持证上岗。

施工现场实行封闭管理，围护墙或围挡高度不低于2m，入口处应美观大方，严禁胡乱张贴。施工单位应在施工区域设置明显的安全标志，对于时间较长的集中性施工部位要做封闭处理，施工人员应在施工区域内活动，不得随意进入非施工区域，公司专职安全人员有权随时检查。

施工队伍的小型机械设备、一般防护设施和安全防护器材必须配置到位，安全措施得力，执行自检后报监理验收，合格后方可使用，否则将不得开工作业。

工程施工至二层（含二层）时必须采用2000密目网封闭作业，脚手架搭设必须符合规范要求，提升设备必须经安检合格后方可使用。

现场用电必须由电工操作，生活用电要符合安全要求，严禁使用电炉子等危险物品，施工现场的临时用电要严格按《施工现场临时用电安全技术规范》（JGJ 46—2005)执行。

施工过程中如需动火作业，需达到动火条件、落实安全防范措施后方可进行动火作业。施工单位在施工现场及生活区须配置相应数量的消防器材。

进入施工现场必须戴好安全帽，高空作业人员进入现场必须佩戴好安全带，遇到五级以上风及雨雪天气禁止高空作业。

施工过程中风貌整理公司有权随时进行检查，有权制止违章作业，有权对违反安全规定的行为进行处罚或责令施工队伍停工整顿。

现场临时办公环境应美观大方，设施整洁，卫生设施齐全，禁止使用干厕，严禁现场搭建施工住房。

施工单位必须遵守安全文明施工的各项管理规定。施工结束后，施工单位应对施工现场彻底清理，做到工完、料尽、场地清。清理出的垃圾不能随意堆放在场地内，否则可根据实际情况进行罚款。对外发生的污染、交通等意外事故由施工单位负责。

施工单位在施工时必须严格遵守《房屋修缮工程技术规程》《天津市历史风貌建筑保护修缮技术规程》，依据《房屋修缮工程工艺标准》《施工现场临时用电安全技术规范》《建筑施工扣件式钢管脚手架安全技术规范》（JGJ 130—2001)、《建筑施工高处作业安全技术规范》（JGJ 80—2011)、《建筑机械使用安全技术规程》（JGJ 33—2012)、《龙门架及井架物料提升机安全技术规范》（JGJ 88—2010)、《建筑施工安全检查标准》（JGJ 59—2011)进行施工，严禁野蛮施工。上述规范施工单位应现场配备，技术及安全负责人应组织施工人员学习，所有施工技术交底及安全技术交底均以上述规范要求为根据。

第二节　项目违规处罚的监理

为规范工程管理行为，切实做好工程管理，对项目施工、监理、配合单位等的违规做出如下处罚。

①未经甲方项目管理人员允许私自在施工现场以外占道的，除限期清理完毕外，处以500～1000元的罚款。

②未经甲方允许，私自占用施工现场住宿或占用其他用地的，处以500～2000元的罚款。

③超越自身工作区域，强占他人场地者，除限期清除外，处以500～2000元的罚款。

④违规私自移接管道泵，越过水表直取管道自来水施工者，按《天津市节约用水管理办法》处罚规定执行。

⑤违规私接电源，有偷电行为者，处以500～1000元的罚款。

⑥不服从甲方管理者，处以100～200元的罚款。

⑦私自进入其他场地者，处以最低100元的罚款。

⑧顺手牵羊，偷窃现场材料、设备者，按所获取材料价款的双倍金额处罚。

⑨损坏工程成品或半成品者，按修复或更换价款的110%处罚。

⑩在已完工楼面拌和砂浆者，每发现一处处以200元的罚款。

⑪会议通知到位后，开会迟到，每次处以至少100元的罚款。

⑫会议时间随地吐痰、随手丢烟头，每次每项处以50元的罚款。在施工现场不讲究卫生，随地大小便，吸烟，不戴安全帽，高空作业不佩戴安全带，每人每次处以至少100元的罚款。

⑬四大节点工程（基础工程、砼结构工程、墙体工程、装饰工程）不能按预期完工的，每延误一天处于至少2000元的罚款，若总工期达到合同工期，则罚款如数退还，若总工期延误，则按合同约定赔偿，且中期处罚不退还。

⑭违反安全管理规定，违章操作，野蛮施工者，按相关规定处以500～1000元的罚款。

⑮违反施工程序，施工质量问题突出且反复出现同类工程质量问题者，处以500～1000元的罚款。

第三节　工程质量的监理

各施工单位应当认真贯彻国务院《建设工程质量管理条例》和《工程建设标准强制性条文》，建立质量管理机构，设置专职质检员，建立质量责任制，强化工程质量管理，对各自施工工程范围的施工质量负责。

施工单位应按照新修订的建筑工程施工质量验收系列规范的标准，控制工程质量，按照"验评分离、强化验收、完善手段、过程控制"的指导思想，采取有效的手段，加强施工过程中的质量控制。各施工单位项目经理为质量的第一责任人。

建设单位要求承包单位按照本工程的总体质量目标参与全部工程质量管理，承包单位应按照总体质量目标，针对充分满足使用功能、设计效果和观感质量，全面提高工程质量整体水平的目的，提出合理化建议，各分包施工单位应配合执行。

承包单位配合监理单位加强施工单位自身质量管理能力，充分强化和调动各施工单位的质量意识和积极性，实现全员、全过程的质量管理。

为了确保工程质量达到优质标准，每周至少定期一次由监理组织甲方、承包单位和各分包单位责任人参加质量检查，对各施工单位本周完成的工程质量进行评定，对不合格工程或质量隐患下达整改指令，并将评定结果在周项目例会上通报。

各施工单位应服从建设单位及监理单位的各项口头或书面的整改要求，对不服从管理的施工单位，监理和建设单位可采取强制措施。

各施工单位必须编制分项工程作业设计或施工方案，由施工单位报甲方和监理单位审核后实施，方案必须符合工程总体质量目标要求。

各分项分部工程所用原材料、成品、半成品必须符合国家相关质量检验标准、设计和相关合同文件要求。材料进场时，提供产品合格证和有效质量证明文件，按照规定需要复检的材料，必须由施工单位和监理方见证取样，并送具有检测资质的单位检验。

对施工单位私自更换材料、成品、半成品的品牌或自行更换具有同样效能的材料的行为，一经发现，监理单位将给予严厉处罚，并对已施工的部位予以返工处理。

施工过程中的上一道工序未经验收，不得进入下道工序的施工，监理单位组织施工单位责任人对分项工程的工序节点和成品进行验收，验收时必须先向监理报验，并提前24小时向监理单位送报验材料。

工程施工技术资料是施工质量可追溯的依据，各单位应该与工程同步，及时有效地整理，要求项目齐全，内容具体，手续完备，真实、准确、可靠。

工程资料的填写按照国家标准《建设工程文件归档整理规范》（GB/T 50328—2001）和天津市建筑工程施工统一用表的规定整理填写。

工程竣工时，各施工单位必须交建设单位三套完整的竣工图和一套完整的竣工资料（包括音像资料），必须是原件，有关签字完整有效。

第四节　工程技术资料及施工图表签报程序的监理

为加强施工管理，规范施工过程中各种技术资料及施工图表的签发报送程序，就有关事项做出以下规定。

一、工作计划安排及进度款申请报表

①施工单位必须根据施工合同中约定的总工期于工程开工前一周内将施工网络计划及施工进度横道图表上报监理单位，由监理单位审定后于开工前三天报工程开发部。

②工程开工后每周主要施工安排必须于工程周例会前上报监理单位确认，监理单位确认后于工程周例会向工程开发部报本周工作完成情况及下周主要工作安排计划。

③各施工单位每月15日前必须将本月工作完成情况、下月工作安排及工程进度款申报表报监理单位，监理单位审定后于两日内上报工程部。

二、会议纪要及监理月报

①各施工单位必须参加工程周例会，分析工程质量和施工进度，提出改进措施，例会记录由监理单位整理，每周报工程开发部。

②监理单位在工程监理过程中，检查发现的设计缺陷、施工缺陷必须及时登记，每周五汇总填表，分别报施工单位和工程开发部。

③各监理单位每月20日前必须就所监理的工程项目进行一次进度、质量、成本控制分析，并提出相应的改进措施和建议，于20日成文后报工程开发部。

④各施工单位在工程竣工验收前一周内必须将工程验收资料分项汇总后报监理单位，监理单位审查整理后必须在一个月内报工程开发部。

三、分项分包工程及甲供材料报表

①各施工单位中标工程约定或施工合同约定的甲供材料必须在用料前一个月提供材料清单，向工程开发部申报材料需求计划。

②已确定由业主供应的门、窗及构配件，由施工单位按施工图尺寸要求列出清单报监理审定，由监理单位提前三个月报工程开发部。

③已确定由业主分包的分项工程，施工和监理单位必须认真核定分项分包界限范围，并提出范围界定的文字条款及制约措施，于工程动工前一周内报工程开发部。

第五节　工程施工现场签证的监理

为规范工程施工现场签证管理工作，确保工程施工现场签证工作处于受控状态，特制定本办法。

（一）职责分工

①公司授权派驻工地代表（简称甲方代表）负责工程施工现场签证工作的管理与实施。

②工程施工方（简称乙方）负责对甲方下达的指令或需由乙方签证的文件的签证。

（二）签证工作内容

①基础开挖到满足设计要求时，必须进行签证确认。

②合同以外的工程。

③施工图和设计变更以外的工程内容。

④甲方确定的必须通过签证才予以确认的。

⑤工程施工合同中约定必须签证的。

⑥法律法规及现行有效标准规定必须签证的。

（三）现场签证参加人员

现场签证参加人员包括甲方代表、乙方代表、监理单位代表。

（四）现场签证单填写要求

所有签证工程量必须经现场测量后填写，到场人员必须当场在现场签证单上签字或当场在记录的原始数据上签字，后补签签证单。现场签证单一式三份，工程开发部、监理单位、乙方各留一份，现场签证单必须在一个星期之内三方签字完毕，否则签证单视同无效。签证原则上不允许签计时工，如有特殊临时用工情况，必须列明用工人数及用工时间。

（五）现场签证程序

①乙方提出签证申请→甲方、监理单位同意进行签证→甲方代表组织相关人员现场进行工程量测量、签字确认。

②乙方填写现场签证单（现场签证单必须使用国家统一标准规范表格）→各单位必须签字并留存→乙方对签证单做一份完整预算作为结算依据。

（六）现场签证结算方式

①单体施工单位分三个阶段分别办理签证结算，即基础部分、主体结构部分和安装及装修部分。每个阶段在正式验收前，施工单位必须将结算资料提交给甲方，否则停止拨付工程进度款。

②外网、景观及零星工程合同外签证，每周五前必须将签证结算资料提交给甲方，逾期停付工程款。

（七）签证的效力

①乙方应予提报签证的文件，但未经甲方签证的，均属无效。已实施未经签证所产生的经济责任由乙方承担。乙方对甲方的指令确有异议（拒签），在甲方坚持要求执行时，乙方应予以执行，因指令错误发生的费用和给乙方造成的损失由甲方承担，延误的工期相应顺延。因拒不执行指令而造成的损失则由乙方承担。

②凡签证责任人未按法律法规、现行有效标准及合同约定时间、对对方提出的文件予以签证或签复的，应视为要求已被确认，由此产生的责任由甲方承担。

③本办法为甲乙双方在合作中的经济或法律责任界定的依据，包括返工、返修、停工损失、延误的工期及其他经济损失。

（八）例外处置

①必要时，甲方可发出口头指令，施工方对甲方的口头指令应予以执行。但乙方应在48小时内提出书面文件，甲方必须签证确认。

②在特殊情况下，乙方有权要求甲方下达指令，并将需要的理由和迟误的后果书面通知甲方，甲方在48小时内不予下达或答复，应承担由此造成的经济支出及顺延的工期，赔偿乙方有关损失。

第六节　工程完工清场和质保期内保修的监理

为确保工程完工后得到保修，特制定本规定，凡参与整修工程的各施工单位都必须遵守本规定。

各施工单位在所承建的工程交工验收后一周内必须及时清理施工现场。验收不合格的剩余工程量，三天内处理完毕。逾期不能完成的，甲方自行组织清理，按实际清理工程量的110%计价后从施工单位尾款中扣除。

工程完工后建筑交接前成品保护由施工单位负责，交接签字后成品保护由甲方负责。

建筑交付后，在使用过程中质量问题按施工合同约定的范围和时效执行，为保证维修的及时性，现就质量问题急缓及大小做出下述规定。

①各施工单位的施工人员离场前必须留有维修电话，工程质量问题价款在100元以内的保修，36小时内施工单位必须有维修人员到场处理。若电话联系不上，或超过36小时无人到场，业主可自行组织修缮，修缮后按用户实际工程签证的110%计算费用，施工单位必须无条件从质保金中支付。

②工程质量问题价款超过100元的保修，施工单位48

小时内必须有工作人员到场协商处理。若电话联系不上或逾期无人到场协商的，业主自行提出返修方案及工程价款，及时组织返修并书面告知施工单位直接从质保金中扣除。

③凡属业主自行组织修缮的质保期内的工程质量问题，必须登记签证、手续齐全，每半年以书面形式告知施工单位，施工单位存在异议可根据本规定和相关合同法规协调解决或由天津市仲裁委员会仲裁。

第七节　工程结算的监理

一、竣工结算管理

工程竣工结算应具备以下基本条件：

①符合合同（协议）有关结算条款的规定；

②具备完整有效的质量评定结果和符合规范要求的竣工验收资料；

③项目设计变更、现场签证及其他有关结算的原始资料齐备；

④工程遗留问题已处理完毕；

⑤施工单位结算书按要求编制，所附资料齐全。

工程结算要以甲方掌握的设计变更和现场签证为准，对于施工单位提供的设计变更和现场签证，在复核无误的基础上也可作为参考。

建设单位应详细核对工程量，审定价格、取费标准，计算工程总造价，做到资料完整、有根有据、数据准确。

建设单位编制的预算书和结算书，应当有工费、材料、设备和有关经济指标的计算过程及详细的编制说明，扣清甲供材料款项等。

二、工程结算流程

①甲方收到总承包单位所上报的工程竣工资料确认齐全无误后一周内，甲方给工程造价审算单位下达结算审核工作任务书。

②总承包单位在工程竣工验收合格并且工程资料上报齐全后15日内，按照要求编制结算报件并附完整的基础资料，一次性上报风貌整理公司工程部，所上报结算资料符合结算要求后，甲方同意交予工程造价审算单位进行审

核。工程造价审算单位接收甲方转交的结算资料，进行结算审核。

③结算初审完成后，工程造价审算单位将结算初审结果交甲方及相应总承包单位进行核对。

④甲方收到初审结果后一周内安排时间、地点进行结算核对及调整，结算核对由甲方、总承包单位、工程造价审算单位三方共同参加。

⑤甲方组织召开各方参加的结算会，结算审核金额各方无异议的由总承包单位、甲方及工程造价审算单位在工程结算定案表中盖章确认。

⑥工程造价审算单位出具结算审核报告书（只针对总承包单位），结算审核资料及结算报件资料移交甲方。

三、工程结算报件要求

①结算报件由各总承包单位编制。

②编制范围为招标文件、施工合同及甲方确认的工程内容。

③结算格式以合同要求为主，用工程量清单方式报件的，清单内项目和清单外项目分开编制。清单内项目单价按投标单价报价，清单外项目按合同约定方式原则报价。

④工程量按照竣工图纸、变更签证据实编制；如无图纸则现场收方。

⑤竣工图纸要求统一用蓝图并逐页加盖竣工图章，按图纸顺序整理。

⑥现场签证要求甲方、监理、施工方签字齐全；总承包单位需安排专人负责工程结算。

⑦零星历史风貌建筑修缮等工程要求施工方报件后由工程造价审算单位现场收方，表面工程按实际工程量结算，隐蔽工程依照工程签证结算，收方过程需建设单位全程参与，并当场确认工程量。

四、工程结算需提供的资料

工程结算需提供的资料主要包括以下几方面：

①总承包单位盖章的工程结算书及相应的电子版文件（份数按甲方要求）和施工合同；

②中标通知书、招投标文件及电子版商务标文件；

③竣工图纸及相应的电子版文件；

④设计变更、工程签证；

⑤与结算有关的会议纪要、说明、隐蔽工程记录、工程影响资料等;

⑥甲方指定的材料品牌和价格明细表,需提供甲方所出具的三方价格对比单(有则提供);

⑦总承包单位的施工界面划分(如墙面、天棚、地面、水、暖、电、弱电、空调、消防、绿化等施工节点),书面明确并由总包、监理、甲方共同盖章确认;

⑧各总承包单位结算负责人授权委托书。

第八节 有保留价值物件施工中的监理

为了更好地开展历史风貌建筑整修工作,结合项目实际情况制定监理办法如下。

①建设单位设计负责人向现场监理、施工单位文字交底保留项目。

②施工单位进行现场查勘(包括内外檐,地上、地下管网,内外状况,周围环境)并上报查勘情况。

③施工单位上报保留方案,监理及建设单位审核,审核同意确定保留方案(包括保留施工顺序、技术措施、安全措施、人员组织、作业环境处理、进度安排、结构安全措施),进行保留施工。

④保留施工过程中,对需拆除的保留部分首先进行拆除,分类码放到指定地点,记录并上交建设单位;现场保留部分做好现场维护,设专人看管,现场监督。需现场保留部位,首先进行维护保留,施工过程中不得损坏。

⑤施工单位务必按照建设单位的要求进行保留项目的施工,保留项目被破坏,建设单位将按照保留价值扣除工程款。

第九节 工程配套的监理

工程配套施工管理人员应按照设计的需求进行相关手续办理,施工中与现场各相关单位做好相互配合,共同完成。工程配套管理人员应按照以下流程开展工作。

1. 电力工程流程

递交申请表(房产证、整修计划、公司营业执照、组织机构代码证等)→7个工作日内电力工作人员看现场→7个工作日领取预算书→到天津市城南供电局交付工程款(3个工作日)→签订施工合同(3个工作日)→联系施工单位→施工单位看现场(2个工作日)→安排做基础(3个工作日)→根据安排的停电日倒排工期(每月20日到月底排1天)→交纳表费(3个工作日)→正式施工(根据工程繁复程度)→用电。

2. 天然气工程流程

提出用气需求(总平面图、建筑各层平面图、厨房设备摆放平面图、设备明细表及气量需求)→施工图纸设计(15个工作日)→缴纳设计费→转图(3个工作日)→签署开发部工程协议(费用已包含于工程总造价内)→施工技术交底(1个工作日)→备料(3个工作日)→进场施工(根据工程繁复程度)→打压(2个工作日)→相关部门验收合格(2个工作日)→办理燃气基金事宜(5个工作日)→整理竣工资料及绘制竣工图(4个工作日)→监理签字(1个工作日)→各相关部门盖章(4个工作日)→报送资料审批合格→各相关部门传递资料(5个工作日)→下发带气令(5个工作日)→进行带气(3个工作日)→管理部门踩线办理产权界定(5个工作日)→签署城市供用气合同(2个工作日)→下发点火令→点火通气(10个工作日)。

3. 排水工程流程

施工单位看现场→确定施工方案→签订施工合同→出图→与现场施工单位配合完成施工→竣工验收→施工单位提供竣工图。

4. 给水工程流程

提交申请表→自来水公司看现场→确定施工方案→签订施工合同→出图→与现场施工单位配合完成管道施工→安装水表→竣工验收→施工单位提供竣工图。

5. 热力工程流程

提交申请表→上报图纸→核实面积→看现场→确定供热方案→与供热办签订供热合同→缴纳配套费→一次网管道施工→换热机组安装→试运行。

第十节　库房管理的监理

为保障风貌整理公司整修项目的连续性和秩序，应使库房作业合理化，减少库存资金占用。库房管理应保证满足整修工程项目所需的物资需求，并使库存物资、采购成本总额资金费用最小化，特制定工作细则如下。

一、仓库管理规定

1. 物料收货及入库

①厂家送货到达后，采购员提供采购计划给库房管理员，采购计划应清晰显示送货单位名称，送货单位印章或经手人签名，货品的名称、规格、数量及采购合同。收货库房管理员将采购计划和对应的采购合同进行核对。如果内容不相符严禁收货；确认内容无误后，库房管理员按采购计划和采购合同验收货品，并填写产品质量验收报告表。

②库房管理员收货无误后，填写入库单，入库单由库房主管、库管员、送货人签字后，第一联存根自留，第二联交由风貌整理公司财务部，第三联交由送货人。库房人员需要将货物存放到库房内部，不允许放在库房外的地方，以免丢失或损坏。

③所有物品的入库确认必须由库房管理员和采购员共同确认，以便日后进行领用。

④库房管理员与采购员共同确认入库单的材料数量时，如发现实际数量与送货单上的数量有差异，应由采购员联络供货商确认数量问题后签字确认，并备注差异原因。

⑤物料摆放需要按照划分的区域进行摆放，不得随意摆放物料，不得在规划的区域外摆放物料，特殊情况可暂时存放在其他区域，但应贴标志注明，待存放区清理出存放空间后应尽快整理归位。

⑥库房管理人员必须严格按照规定对每一个入库单的入库材料进行数量确认，及时确认登账入库数量和实际入库数量是否相符，数量不符的需要追查原因，及时解决。

⑦入库物料需要摆放至指定储位。

2. 出库（领料）

①根据工程项目需要，由项目负责人填写工程材料使用申请表，经主管领导批准，交由库房主管后，方可安排库房管理员领取。

②库房管理员根据工程材料使用申请表，认真核对内容无误后，在库房领取工程材料，填写出库单。出库单由库房主管、库房管理员和领料人签字确认，第一联存根自留，第二联交由风貌整理公司财务部，第三联交由领料人。工程材料使用申请表中申请的材料无特殊原因当天必须全部领取完成，严禁分多次领料。

③物品领取完成后，需要将物料及时运走，严禁将物料临时存放在库房。

3. 退料

领用的工程材料未全部使用，需退料时，退料人应填写退换单，经库房主管同意后，库房管理员将退换单上的内容与实物认真进行核对，核对无误后对相应物品进行退换处理。

4. 库房卫生、安全管理

①每天对库房进行清洁整理工作，达到整理、整顿、清扫、清洁、习惯（纪律），按区域合理摆放材料。

②考虑物料区域摆放是否合理，并做合理摆放和规划。

③每天交接班后由库房管理员巡查库房，检查库房材料的存放情况，按库房"十二防"（即防盗、防雷、防火、防蛀虫、防潮、防尘、防爆、防鼠、防腐蚀、防漏电、防高温、防冻）安全原则检查货物，发现异常情况立即处理和及时上报。

④仓库门禁管理：非库房人员严禁进入库房，特殊情况如需要进入仓库，必须在库房管理员的陪同下方可进入。

⑤库房内禁止吸烟和严禁使用明火。

⑥保持疏散通道、安全出口畅通，保证人员安全。

5. 物料管理

①物料品质维护：在物料收货、点数、借料、摆放、入库、归位、储存的过程中，遵循库房"十二防"安全原则，防止物料损坏，有异常问题及时进行反馈处理。

②发现物料异常信息，如位置不对、账物不符、品质问题，需要及时反馈处理。

③每季度召开会议，对库存呆滞物料进行分析并制定处理方案，根据处理方案对呆滞物料进行优化处理。

④保持物料的正确标志和定期检查，由库房管理员负责。对标志错误的及时调整，避免引起损失。

6. 单据、账务管理

①库房每天发生的所有往来单据需当天按时完成。

②需要送交给财务的单据应定期送达财务部门，并做好签收记录。

③库房管理员需要保管好每月的单据。上月库房所有单据统一由库房管理员进行分类保存。

④库房对贵重物料卡账登记，由指定人员管理。

7. 盘点管理

①盘点人员根据库存报表每月末对库房进行库存盘点，同时填写库房安全巡查表。

②盘点过程中如发现异常问题及时反馈处理。

③盘点时必须保证盘点数量的准确性，弄虚作假，虚报数据，盘点粗心大意导致漏盘、少盘、多盘，书写数据潦草、错误，丢失盘点表，随意换岗，不按盘点作业流程作业等需要根据情况追查相关人员责任。

④盘点结果需由盘点人签字确认。

⑤盘点时如发现库存物料账物不相符，需要查明原因，查明原因后根据责任轻重进行相应的处理。

二、库房管理人员的要求

①库房管理人员应该培养良好的工作习惯和工作作风，形成良好的工作态度。倡导细心（严谨）、负责、诚实、团结互勉的工作态度和作风。

②下达给库房管理员的工作任务无特殊原因需要在规定时间内完成，且保证工作完成的准确程度。

③有事需要请假时，要提前1天办理请假手续，因特殊原因无法提前请假的，需要上班后补办请假手续。

④上班时间需要严格遵守公司劳动纪律，遵守作息时间，不得大声喧哗、玩闹、睡觉、长时间聊天，不应擅自离开岗位，不得以私人理由会客等。

⑤需要严格遵守公司的各项管理规定。

⑥库房管理人员调动或离职前，必须办理库存账务及物料、设备、工具、仪器移交手续，要求逐项核对点收，

如有短缺，必须限期查清，方可移交，移交双方及部门主管等人员必须签名确认。

⑦库房管理人员应当爱护公司财产，对于在工作中使用的办公设备、仪器、工具必须妥善保管、细心维护，如造成遗失或人为损坏，则按规定进行赔偿。

⑧库房管理人员要保守公司秘密，如发现库房管理人员擅自将公司的机密文件或信息外泄，应根据公司的相关规定进行处理。

第十一节　材料采购的监理

采购管理是整个施工项目管理的重要组成部分。材料的采购管理是项目采购管理的重要组成部分，也是耗用资金最多的一个环节；它同时是目前建筑项目成本管理中普遍失控的环节，也是参与人员易损公利己的环节；材料采购管理的优与劣关系到整个项目成本管理的成败。

做好采购管理，分别从技术层面提高业务的执行能力和从系统建设方面创建采购的环境，并不断从这两个方面改进，最终一定会收到良好的效益。

材料采购管理是从采购计划开始，经过采购询价、采购合同签订，一直到采购材料进场为止的过程管理。

一、采购计划

1. 编制材料需用计划

材料需用计划一般由项目的技术人员编制，其主要依据是图示量和施工方案的选择等具体要求，编制好的材料需用计划是物资部门确定经济采购量和编制材料采购计划的主要依据，再依据采购计划确定订货点，继而签订采购合同以及进行后期的存货管理。

2. 确定经济采购量

经济采购量就是项目一定时期内材料存货相关总成本达到最低的一批采购数量。根据施工项目的一般情况，由于订货成本和储存成本相对较小，重点要考虑购买成本和缺货成本之和的最小化，最终得出一定期间的经济采购量。

3. 编制采购计划

根据材料需用计划和经济采购量的分析结果以及将要

选择的合同类型编制采购计划，说明如何对采购过程进行管理。具体包括合同类型、组织采购的人员、管理潜在的供应商、编制采购文档、制定评价标准等。采购计划一般由项目物资部门制订。根据项目需要，采购管理计划可以是正式、详细的，也可以是非正式、概括的，关键强调其正确性、及时性和可执行性。

二、采购询价

采购询价就是从可能的卖方那里获得谁有资格、谁能以最低成本完成材料采购计划中的供应任务，确定供应商的范围，该过程的专业术语也叫供方资格确认。获取信息的渠道有招标公告、行业刊物、专业建筑网站等。

做好采购询价管理，充分利用计算机管理系统，借助网络优势，快速地浏览和获取需要的信息，从而保障得到询价结果的高效率。

三、供应商确认和采购合同的签订

选择供应商的主要参照条件就是在采购询价环节的评价结果，当然也要参照其他标准，如供应能力、历史信誉等。比如具体确定商品混凝土的供应商是一家还是多家，一般都要考虑不少于三家供应商，以防供应不及时导致停工，这里就需要考虑到混凝土浇注本身需要连续性等要求。

在签订采购合同之前，需要对合同类型进行选择，不同的合同类型决定了风险在买方和卖方之间的分配，目标是把风险降到最低，同时使利润最大化。

四、材料验收入库

1. 一般材料的入库验收

①到货后，采购员、库房管理员首先要根据购货计划清点数量，审核产品的规格型号以及相关证件是否齐全，符合标准。

②以上各项确认无误后，下临时入库单，由交货人、采购员、仓库负责人共同签字后，报财务下正式入库单结算。

2. 主要设备配件的验收

①到货后，采购员、库房管理员一定要严格按照购货计划或合同书进行验收。

②必须同使用单位的技术人员或领导认真审核所进货

物的规格、型号、产地是否相符。

③必须认真落实是否在"三证一标志"（"三证"指防爆合格证、产品出厂检验合格证、产品计量合格证，"一标志"指煤矿矿用产品安全标志）管理范围内。如是在范围内的产品，必须由供货方提供相关证件，通过共同检查，符合国家要求标准后，进行清点。如是需要做复试的材料、设备（如电线、电缆等），应从到货中按比例抽样送第三方检测机构进行检验，并出具复试检测报告。

④以上各项检验程序完毕后，要填写产品质量验收报告表，存档备查一式两份，由使用单位及仓库各保存一份，由供货方、采购员、仓库负责人、使用单位负责人共同签字后可下临时入库单，报财务下正式入库单结算。

3. 大型设备的验收

①货到后，采购员、库房管理员必须通知使用单位的技术人员或领导共同严格按照计划或合同书及安全管理的标准进行验收。

②必须认真按照装箱单清点数量，查看产地、规格、型号是否符合要求。

③以上各项数量无误、证件齐全后，填写产品质量验收报告表存档备查，由供货方、采购员、库房管理员、仓库负责人、使用单位负责人共同签字办理临时入库手续，报财务下正式入库单后结算。

五、遏制采购腐败，全面完善系统建设

1. 岗位建设

针对采购环节，需要设置不同的岗位，这是为了使采购权力不要过分集中，既互相制约和监督，同时又不影响

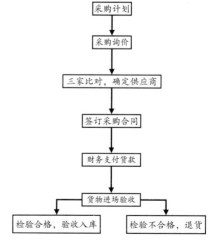

采购流程图

各岗位人员的工作积极性。项目需要设置采购总负责人、询价员、合同员、采购员和库房管理员等五个岗位。

采购总负责人全面负责材料的采购管理，依据材料需用计划和岗位目标责任成本的管理规定等，制订并执行采购计划，协调并充分利用内部资源，最终高效低成本地采购到所需物资。

询价员主要负责按计划探询市场中定向物资的信息，书面提供给采购负责人和采购员，同时进行文档的存档管理。

合同员的职责就是管理合同文件，随时监督合同执行情况。

采购员的职责更多的是具体按合同以指定的价格和数量执行采购任务。

库房管理员的主要职责是按标准验收材料入库，材料进场后，合理规划存放和使用，尽可能地减少储存成本，做好库房的管理。

2. 人员选择

采购管理各岗位人员需要具备以下素质：一定的专业能力和沟通能力、法律意识、清廉等。其中，专业能力不仅包括对所负责的材料属性有一定的认识，还要对材料管理的流程有一个清晰的思路；清廉的素质对经常与钱打交道的采购人员来说尤其重要，采购人员本身要具备清廉的素养和法律意识等。

3. 员工培训

对采购各岗位人员的培训包括业务培训、法律常识培训、公司制度培训等。业务培训重在提高业务能力，比如采购的流程管理、经济采购量的确定方法、如何在新形势下做好采购询价等等。法律常识培训和公司制度培训则偏重在环境上约束非正常行为，清楚和明确采购腐败的风险成本。

4. 利用计算机管理系统，加强监督

利用计算机管理系统，进行过程的监督控制，而非仅关注结果，对公司而言也可以随时关注和监督整个项目的运行状况。

第十二节　工程文档归档的监理

一、总则

为加强历史风貌建筑修缮工程文件的档案管理，统一历史风貌建筑修缮工程档案的验收标准，建立完整、准确的工程档案，特制定本细则。

本细则适用于天津市历史风貌建筑修缮工程文件、照片、录像带及所载信息的归档整理以及修缮工程档案的验收。

历史风貌建筑修缮工程文件的归档整理除执行本细则外，尚应执行现行有关标准的规定。

二、建设、鉴定、设计、施工、监理等单位的职责范围

建设、鉴定、设计、施工、监理等单位应将历史风貌建筑修缮工程文件的形成和积累纳入工程管理的各个环节。

建设单位在历史风貌建筑修缮工程文件与档案的整理立卷、验收移交工作中的职责包括：

①与鉴定、设计、施工、监理等单位签订合同以及进行招标时，应该对历史风貌建筑修缮工程文件归档的套数、质量标准、移交时间等提出明确的要求；

②负责收集、整理工程前期准备阶段和竣工验收阶段形成的文件以及在建设过程中形成的声像材料，并应进行立卷归档；

③负责组织、监督和检查鉴定、设计、施工、监理等单位的工程文件的形成、积累和立卷归档工作；

④负责收集和汇总鉴定、设计、施工、监理等单位立卷归档的工程档案；

⑤组织鉴定、设计、施工、监理单位共同检查、验收合格后，报风貌建筑主管部门申请备案；

⑥对列入城市建设档案馆接收范围的工程，工程竣工验收后90日内，向城建档案馆移交一套符合天津市城市建设档案馆规定的工程档案。

鉴定、设计、施工、监理等单位应将本单位形成的工程文件立卷后及时向建设单位移交。

历史风貌建筑修缮工程项目实行总承包的，总包单位负责收集、汇总各分包单位形成的工程档案，并应及时向建设单位移交；各分包单位应将本单位形成的工程文件整理、立卷后及时向总承包单位移交。

总包单位在竣工交验前，应先对所完成工程的技术资料进行全面检查、整理，达到验收合格标准，报现场监理复验合格后，再报建设单位存档。

三、工程文件及声像材料的归档质量要求

1. 历史风貌建筑修缮工程归档文件的质量要求

①历史风貌建筑修缮工程归档的工程文件应当为原件。如果案卷内有复印的文件材料，则要求复印件字迹清晰，反差效果良好，必须与原件内容及形式保持一致，说明提供复印件的单位及原件保存地点，并加盖公章。

②文件的内容必须真实、准确，与工程实际相符。

③工程文件的内容及其深度必须符合国家有关工程勘察、设计、施工、监理、测绘等方面的技术规范、标准和规程。

④工程文件应采用耐久性强的书写材料，如碳素墨水、蓝黑墨水，不得使用易褪色的书写材料，如红色墨水、纯蓝墨水、圆珠笔、复写纸、铅笔等。

⑤文件材料的抄写要字迹工整、清楚，图样清晰，图表整洁，签字盖章手续完备。不得使用未经国家颁布实施的简化字。禁止使用涂改液。

⑥工程文件中文字材料幅面尺寸规格宜为A4幅面（297mm×210mm），图纸宜采用国家标准图幅。

⑦工程文件的纸张应采用能够长期保存的韧力大、耐久性强的纸张。对于破损的文件、图纸应进行托裱，不得使用胶纸带粘贴。图纸一般采用蓝晒图，竣工图应是新蓝图，允许使用计算机出图，但不得使用图纸的复印件。图纸内容必须清晰。

⑧所有竣工图均应加盖竣工图章，竣工图章的基本内容应包括"竣工图"字样、施工单位、编制单位、编制人、审核人、技术负责人、竣工图编号、编制日期、监理单位、现场监理、总监。竣工图章的尺寸宜为80mm×50mm。竣工图章应使用不易褪色的红印泥，应盖在图标栏上方的空白处。

⑨利用施工图改绘竣工图，必须标明变更修改依据所在卷所在页号及条款；凡施工图结构、工艺、平面布置图等有重大改变，或变更部分超过图面的1/3，应当重新绘制竣工图。重新绘制的竣工图应符合专业技术规范、标准的要求。

2. 照片、录像带等的归档质量要求

①要求拍摄、复制、编辑的照片和录像带内容真实，能客观反映工程状况。

②使用胶卷、胶片拍摄的照片，以5寸照片作为归档用照片。

③通过数码相机拍摄的数字图形文件必须经数码冲印成5寸照片归档。

④使用专业Betacam、DVCAM摄像机拍摄，以Betacam、DVCAM录像带作为归档用录像带。

⑤为了利于录像档案整理工作，进行录像档案拍摄时，应尽量分类拍摄。两个不同项目之间，要用标志隔开。

⑥要求拍摄图像清晰、色彩饱和，录像带磁迹完好。

四、归档范围及立卷

（一）归档范围

对与历史风貌建筑修缮工程有关的重要活动、记载工程建设主要过程和现状、具有保存价值的各种载体的文件，均应收集齐全，整理立卷后归档。

声像材料归档内容主要包括：

①历史风貌建筑修缮工程施工前地块原貌的声像材料；

②历史风貌建筑修缮工程在立项研究、鉴定设计、方案评审、招投标、承发包等过程中形成的主要声像材料；

③修缮工程施工过程中形成的反映重点部位、重点工作、质量事故、新技术应用的声像材料；

④反映竣工后工程现状的声像材料；

⑤有关工程建设的其他有保留、纪念价值的声像材料；

⑥建设单位自己组织制作的反映工程建设情况的有关电视专题片、汇报片。

（二）档案的整理

1. 文件的立卷

（1）立卷的原则和方法

立卷要遵循工程文件的自然形成规律，保持卷内文件的有机联系，符合其专业特点，便于档案的保管和利用。工程文件应按单项、单位工程组卷。

立卷可采用如下方法：

①历史风貌建筑修缮工程文件可按建设程序划分为工程准备阶段文件、监理文件、施工文件、竣工图和竣工验收文件；

②工程准备阶段文件可按建设程序、专业、形成单位等组卷；

③监理文件可按建设工程项目（总承包单位）、单项工程、单位工程、分部工程、专业、阶段等组卷；

④施工文件可按单项工程、单位工程、分部工程、专业、阶段等组卷；

⑤竣工图可按单项工程、单位工程、专业等组卷；

⑥竣工验收文件可按建设工程项目、单项工程、专项等组卷。

立卷过程中应遵循下列要求：

①案卷不宜过厚，文字材料案卷厚度一般不超过30mm，图纸案卷厚度一般不超过50mm；

②案卷内不应有重复文件，不同载体的文件一般应分别组卷。

（2）卷内文件的排列

文字材料按事项、专业顺序排列。同一事项的请示和批复，同一文件的印本与定稿、文件与附件不能分开，并按批复在前，请示在后，印本在前，定稿在后，主件在前，附件在后的顺序排列。

图纸按专业排列，同专业的图纸按图号顺序排列。

既有文字材料又有图纸的案卷，如果文字是针对整个工程或某个专业进行的说明或指示，则文字材料排前，图纸排后；如果文字是针对某一幅图或某一问题或局部的一般说明，则图纸排前，文字材料排后。

（3）案卷的编目

编制卷内文件页号应符合下列规定：

①卷内文件均按有书写内容的页面编号，每卷单独编号，页号从阿拉伯数字"1"开始。

②单面书写的文件页号在右下角，双面书写的文件，正面页号在右下角，背面页号在左下角，折叠后的图纸页号一律在右下角。

③成套图纸或印刷成册的科技文件材料，自成一卷且连续编有页号的不必重新编写页码；

④案卷封面、卷内目录、卷内备考表、案卷封底不编写页号。

卷内目录的编制应符合下列规定：

①以一份文件为单位，序号按文件的排列用阿拉伯数字"1"依次标注；

②"文件编号"为文件制发机关的发文号或图纸编号；

③"责任者"处应填写文件的直接形成单位，有多个责任者时，选择两个主要责任者，其余用"等"代替；

④逐份填写文件标题或图纸的全称，没有标题或标题简单不能概括文件内容的，需重新拟定标题；

⑤"日期"处应填写文件的形成日期；

⑥应填写每份文件在本案卷的起始页号，最后一项文件填写起、止号，如最后一项文件为单页，只填写起号（或止号）即可；

⑦"备注"处填写需要说明的问题；

⑧卷内目录排列在案卷内文件首页之前。

案卷备考表的编制应符合下列规定：

①上半部分由立卷单位填写，并由立卷人对该卷内容有无遗留或补充加以说明；

②"件数"处填写卷内文件材料的件数，即填写卷内目录的序号数（施工文件卷、竣工图卷可不填此项）；

③"页数"处填写卷内文件材料的总页数；

④"立卷人"处由立卷人签字；

⑤"时间"处应填写完成立卷的时间，年代编写四位数；

⑥案卷备考表排列在卷内文件尾页之后。

案卷封面的编制应符合下列规定：

①案卷封面的内容包括档号、档案馆号、案卷题名、编制单位、编制日期、保管期限、密级，排列在卷内目录之前；

②档号、保管期限、密级由保管单位按相关规定填写；

③案卷题名应简洁、准确地概括卷内文件的内容，包括历史风貌建筑修缮工程名称、单项工程名称、专业、卷内文件概要等内容；

④编制单位为本卷档案的立卷单位；

⑤编制日期为档案整编日期。

（4）案卷的装订与图纸的折叠

①案卷可采用装订与散装两种形式。文字材料卷必须装订。既有文字材料又有图纸的案卷应装订，且应整齐、牢固，便于保管和利用。图纸卷应散装（文件附图、印刷成册图纸除外）。

②装订时必须剔除金属物。

③不同幅面的工程图纸应按《技术制图复制图的折叠方法》（GB 10609.3—89）统一折叠成A4幅面（297mm×210mm），原图标及竣工图章外露。

2. 照片、录像档案的立卷

（1）照片档案立卷的原则和方法

①整理要遵循保持卷内照片的有机联系，利于安全保管，便于为利用者提供服务的原则。数码相机所拍照片除照片和说明一同整理和存放外，还应保存电子文档。

②照片依据工程项目组成案卷。

③照片与说明一起用档案浆糊或双面胶粘贴固定在芯页上，并组成案卷。芯页的尺寸规格为297mm×210mm。

④案卷内的芯页以20页以内为宜。

（2）录像档案立卷的方法

①录像档案以盘为保管单位，盘内以项目作为整理单位。

②整理之前，要先对拍摄内容进行简单编辑，剪去不清晰和重复无用的镜头，需加字幕说明的地方要加字幕。

五、工程文件的归档

工程文件的归档应符合下列规定：

①归档文件必须完整、准确、系统，能够反映历史风貌建筑工程建设活动的全过程，文件材料归档范围及文件材料的质量符合本规范的有关要求；

②归档文件必须经过分类整理，并应组成符合要求的案卷。

工程文件归档时间应符合下列规定：

①根据建设程序和工程特点，归档可以分阶段分期进行，也可以在单位或分部工程通过竣工验收后进行；

②鉴定、设计单位应当在完成任务时，施工、监理单位应当在工程竣工验收前，将各自形成的有关工程档案向建设单位归档。

鉴定设计、施工单位在收齐工程文件并整理立卷后，监理单位应根据天津市城市建设档案管理机构和本细则所提要求对档案文件的完整、准确、系统情况和案卷质量进行审查。审查合格后向建设单位移交，建设单位再进行复查并存档。

工程档案一般不少于两套（需向天津市城市建设档案馆移交），一套由建设单位保管，一套（原件）移交天津市城市建设档案馆。如天津市风貌建筑保护办公室需要相关文件，建设单位、施工总包单位、监理单位应按照所需份数提供。

鉴定、设计、施工、监理等单位向建设单位移交档案时，应编制移交清单，双方签字盖章后方可交接。

六、历史风貌建筑修缮工程档案的验收与移交

历史风貌建筑修缮工程档案预验收、验收的重点包括：

①工程档案必须完整、准确、系统；

②工程档案的内容应真实、准确地反映工程（项目）实际情况和建设全过程；

③工程档案应整理立卷、著录，立卷符合本细则的规定；

④竣工图绘制方法、图式及规格等符合本专业技术要求，图面整洁，盖有竣工图章；

⑤文件的形成、来源符合实际，要求单位或个人签章的文件，签章手续应完备；

⑥文件材质、幅面、书写、绘图、用墨、托裱等应符合要求。

建设单位向城市建设档案管理机构移交工程档案时，应按规定办理移交手续，填写移交目录，双方签字、盖章后交接。

施工技术篇

2005年10月起，风貌整理公司对静园开展了腾迁整修工作，45户居民在腾迁中得到货币或房屋的妥善安置，提高了居住水平。整修过程中，依据有关法律法规，一方面将先进的现代技术和材料应用到老建筑中，对危旧墙体、构件进行加固、修缮；另一方面对建筑原有的房屋布局、建筑构件进行了妥善的保护，实现了"修旧如故，安全适用"。

Since October 2005, THARD started to empty and repair Jingyuan, the 45 households' living standards had been improved by acquiring monetary compensation or replaced residence in the process. To achieve the principle of "restoring to original state with safety and utility", according to the relative laws and regulations, on one hand, advanced modern technology and materials were used to reinforce broken walls and repair old buildings. On the other hand, the original layout and constructional elements of old buildings were protected as well.

津城静园

第七章　建筑主体修缮施工技术

第一节　结构加固工程

结构加固工程主要包括：防潮层板的更换，墙体混凝土板带加固、墙体整体拆砌加固、墙体剔碱加固、墙体钢筋勾缝加固、墙体整体钢筋网抹灰加固、地下室整体加固工程。

一、防潮层板的更换

静园地下室长期潮湿、地下水自地下室浸透漫延至一层墙体。原始防潮层已无防水作用。

根据掏砌墙的分段长度，选用按查勘设计预制好的0.75m长、与墙同宽、与一皮砖同厚的C20防水细石钢筋混凝土防潮条板，钢筋规格为$\phi6@250$，$3\phi6$。在其表面刮素水泥浆，并压实抹光。

采用分段随掏拆、随清理、随浇水湿润、随进行砌筑的方式，由两端向中间或由中间向两端进行对称掏拆，每段自上而下逐层掏拆。

当砌至最上一层砖与原墙水平接触时，砖面上先铺放适量的砂浆，再推砖入位，并随用铁楔从墙的两面将砖缝撑开、背塞紧，再用干硬性水泥砂浆掺14%的UEA膨胀剂勾捻密实，防止墙身沉降。

掏砌时，随时注意观察各部位的变化，留出观测点。待砌体具有一定强度后，进行邻段或上部作业。

二、墙体的加固

墙体的整体性较差，主楼东南角因基础局部下沉而造成墙体开裂，严重部位出现失稳情况。特别是1976年地震后，建筑整体出现大面积裂缝，虽经简易加固维修，但仍存在严重的自然损坏及人为损坏现象。根据房屋安全鉴定及设计意见，采用整体拆砌、混凝土板带、墙体剔碱、钢筋勾缝、钢筋网抹灰等加固方式进行修缮。

主楼东南角墙体拆砌

防潮板的制作

碱蚀墙体的掏拆

分段安装防潮板

放置防潮板

铁楔背塞

防潮板施工完毕

施工前，先将墙面、地面上有价值的装饰物和贵重材料等轻轻拆下，妥善保存，标号记录，待重新装配使用。无法拆除的构件及装饰物，钉套盒保护。墙面及地面的保护部位铺设木制保护层。

主楼东南角墙体开裂的严重部位采用整体拆砌进行整修，其施工工艺按照现行建筑规范进行。

部分墙体墙面及拐角处出现多处较为严重的裂缝，采用浇筑混凝土板带形式进行加固处理：

①混凝土板带高度为一皮砖高度，长度为600mm（墙面平面为600mm，拐角处为300mm加300mm），厚度为墙体厚度减去120mm（如墙体厚度为360mm，则板带厚度为240mm），视裂缝情况间距为300～600mm；

加固施工前做好保留部位维护　　　剔除墙体面层

工人剔除墙体面层

②混凝土是强度等级为C20的膨胀细石混凝土，钢筋规格为$\phi6@250$，2～3$\phi6$（厚度≤240mm为2根钢筋，厚度≥360mm为3根钢筋）；

③拐角处增设混凝土板带为双面分错施工；

④采用分部位随掏拆、随清理、随浇水湿润的方式，每面墙自上而下逐层掏拆；

⑤混凝土板带背面凿毛，并且清理干净；

⑥掏拆完成后，首先放置绑扎好的钢筋，并与砖墙固定；

⑦按照配比进行膨胀细石混凝土搅拌，并进行浇筑，必须饱满密实；

⑧待混凝土达到足够强度，再进行本墙体裂缝的其他板带施工。

混凝土板带加固　　　　　　墙体剔碱

墙体碱蚀未通透的，采用剔碱的方式进行加固处理。此情况在静园修缮工程中多发生在外檐墙（如主楼后排东面），大面积进行剔碱加固：

①按墙身碱蚀划定的范围，自上而下轻轻剔除碱蚀的砖，并甩好槎子，随剔随清除灰浆，随将槎子清扫干净，浇水冲洗湿润，用砖也宜提前一天浇水浸透；

②当剔碱砌至最上一层与原墙水平相交接时，在砖面上先铺放适量的砂浆，再推砖入位；

③角部位的剔碱，挂角线，其水平灰缝与两侧原墙交圈通顺。

整体钢筋网抹灰前，对于墙体轻微裂缝处进行钢筋勾缝施工，施工完毕后进行钢筋网绑扎。

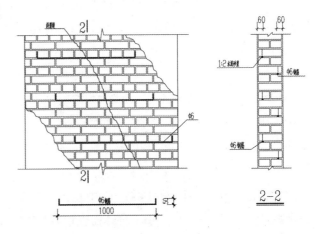

钢筋勾缝施工示意图

墙体勾缝加固后绑扎钢筋

墙体钢筋网抹灰加固施工

墙体钢筋网抹灰加固施工完毕

①为保证加固层与原有墙体结合牢固,使之共同受力,施工前先把原有墙面抹灰铲除,砖缝剔深10 mm,用钢丝刷将墙面刷干净,自上而下洒水湿润。

②绑扎钢筋前,墙面加固施工完毕,水电线管、线盒安装完毕,固定牢固。绑扎钢筋网前所打眼、植筋全部施工完毕。绑扎ϕ6@250的钢筋网,并在墙面挂置牢靠。绑扎竖筋在内,横筋在外。穿墙"s"形拉结钢筋牢牢钩住横、竖筋,并绑扎牢固。钢筋网中的钢筋接头采用焊接。门窗洞口的钢筋,角部附加2ϕ8的竖筋、1ϕ8的斜筋间距为1000 mm。

③手工抹1:2的水泥砂浆,砂浆稠度控制在70~80 mm。抹30~50mm厚的水泥砂浆时,须抹两至三遍。第一遍要求揉均刮糙,第二至第三遍再压实抹平,不得有空鼓、裂逢、露筋现象,施工完毕后要注意浇水养护。

④内墙面、柱面的阳角和门窗洞口的阳角用1:3的水泥砂浆打底。待砂浆稍干后再用1:2的水泥砂浆做明护角面层。

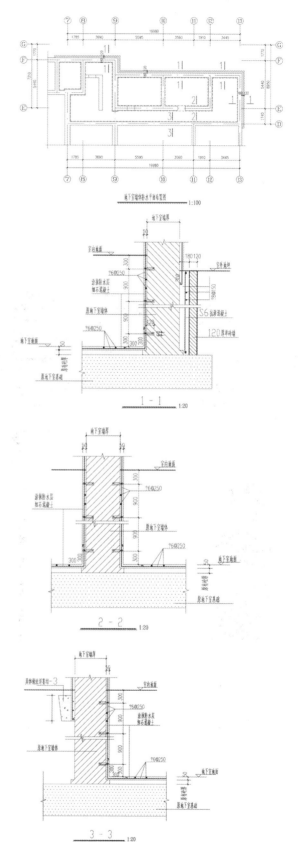

地下室加固施工图

地下室加固施工1

地下室加固施工2

地下室加固施工3

第二节　木作工程

木作工程主要包括：地板（条形地板及人字地板）的修复、门窗装饰的修复、护墙板的修复、门窗的修复。

一、地板的修复

静园室内的木地板经长年使用、腐蚀、虫蛀，磨损及人为破坏严重，经查勘，专家团队确定方案为全部拆除，按照原始形式、材质进行更换。

施工前的地板

地板的铺设1

1. 条形地板的铺设

①用侧面企口（龙凤榫）相接拼缝，对接头用平口相接拼缝。

②地板条与龙骨垂直铺钉，其接头必须互相错开，并接在龙骨的中心线上。接缝严密，不得有缝隙。

③铺钉木地板，从里面靠墙开始，逐块排挤紧进行铺钉。

地板的铺设 2

地板的打磨

④面层地板距四周墙面留10～15 mm的空隙，以利通风。做踢脚板时，将缝隙盖严。

⑤面层地板铺钉完后，刨平、刨光，清理干净。采取严格的防护措施，保护成品。地板面层的水平度用2 m的靠尺检查，偏差不大于2 mm。

2. 人字地板的铺设

①装人字地板先铺钉毛地板，再做拼花地板。

地板铺设完毕

②在毛地板上先铺油毡隔潮层，并防止走动时地板发出响声。

③弹线，先行摆放试铺，经调整找准尺寸后，自房间中央开始，采用企口拼缝，逐块向房间四周铺钉。

④作业时，企口拼装严密，将带有企口的硬木块套在拟铺钉的木拼板外缘，用木锤敲击硬木块，以保证企口板缝拼接严密。

⑤拼花地板用暗钉法铺钉。

⑥拼花地板距四周墙面留10～15 mm的空隙，以利通风。做踢脚板时，将缝隙与地板拼盖严。

⑦面层地板铺钉完后，刨平、刨光，清理干净，并关门覆盖保护，防止损坏。

二、门窗装饰的修复

1. 窗台板的修复

①窗台板的安装在窗帘盒安装完毕后再进行。

②加工的木窗台表面光洁，其净料尺寸厚度为20～30 mm，需要拼接时，背面穿暗带防止翘曲，窗台板背面要开卸力槽。

③在窗台墙上，预先砌入防腐木砖。将窗台板刨光起线后，放在窗台墙顶上居中，里边嵌入下坎槽内。窗台板长度比窗口宽度长120 mm左右，两端伸出的长度一致。在同一房间内同标高的窗台板拉线找平、找齐，使其标高一致，突出墙面尺寸一致。要注意的是，窗台板上表面向室内略有倾斜，坡度系数约为1%。

④用明钉把窗台板与木砖钉牢。窗台线预先刨光，按窗台长度两端刨成弧形线脚，用明钉与窗台板斜向钉牢，钉帽砸扁，冲入板内。

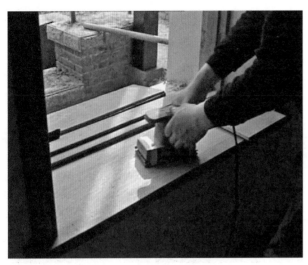

打磨窗台板

⑤窗台板表面平整、洁净、线条顺直、接缝严密、色泽一致，不得有裂缝、翘曲及损坏。窗台板与墙面、窗框的衔接严密。

⑥安装窗台板后，对安装后的窗台板进行保护，防止污染和损坏。

2. 门窗套的修复

①制作门窗套应采用干燥的木材，含水率不大于12%。木材提前运到现场，放置10天以上，尽量与现场的湿度相吻合。

门窗口套安装

门窗口套施工

②检查门窗洞口的垂直度和水平度是否符合设计要求。

③根据门窗洞口的实际尺寸，先用木方制成木龙骨架。

④木龙骨架直接用圆钉钉成，并将朝外的一面刨光，其他三面涂刷防火剂与防腐剂。

⑤先安装上端龙骨，找出水平。再安装两侧龙骨架，找出垂直并垫实打牢。

⑥面板挑选木纹和颜色相近的在同一房间，同一洞口。长度方向对接时，木纹通顺，其接头位置避开视线范

围，接头位置留在横撑上。

⑦板面与木龙骨间涂胶。固定板面所用钉子的长度为面板厚度的3倍，间距为100mm，钉帽砸扁后冲进木材面层1～2mm。

⑧筒子板里侧要装进门窗框预先做好的凹槽里。外侧与墙面齐平，割角要严密方正。

⑨门窗套表面平整、洁净、线条顺直、接缝严密、色泽一致，不得有裂缝、翘曲及损坏。

3. 护墙板的修复

①先找好标高、平面位置、竖向尺寸，进行弹线。

②根据房间四角和上下龙骨的位置，将四框龙骨找位，钉装平、直，然后钉装横竖龙骨。

③安装木龙骨必须方、找直，骨架与木砖间的空隙垫以木垫，在装钉龙骨时预留出板面厚度。

④全部进场的面板材，使用前按同房间临近部位的用量进行挑选，使安装后从观感上木纹、颜色近似一致。

⑤按龙骨排尺，在板上划线裁板，原木材板面刨净，面板背面做卸力槽，以防板面扭曲变形。

⑥安装后，及时刷一道底漆，以防干裂或污染。

护墙板构件添配加工

护墙板施工1

护墙板施工2

护墙板施工完毕

4. 门窗的修补

①经现场查勘发现，主楼及书房门窗材质为菲律宾木，后楼及平房门窗材质为松木。门窗框基本完好，窗扇大部分需修补及更换。主楼大部分门窗扇损坏严重，一层会议室大门较好，但局部损坏。小五金件部分保留完好，部分丢失。专家团队共同确定修复方案为：框基本保留，

修补前的门窗

保留较好的部分，对损坏部位进行挖补，损坏严重的门窗扇按照原材质、原形式进行更换。

②先落扇，拆下拟换门窗扇边挺的小五金件，妥善保管，清除油垢、锈蚀，修理规整，折转灵活，方可复用。扇边挺换好后再装。小五金件损坏严重的进行更换。

③起下玻璃钉，轻轻拆下玻璃。将完整无损的放在指定地点妥善保管。

④添配门窗的选料和含水率等，必须与原材相接近。表面净光或砂磨，并不得有刨痕、毛刺和锤印。

⑤将换边挺的门窗扇料的榫头抹鳔及鳔楔拼装背方、背正，刨平、刨光。有错口的门窗边挺，用裁口刨裁口，按原尺寸裁出错口，并随时与其对应的原扇错口核对，以达到完全吻合为准。

⑥窗扇修好后，及时清理干净玻璃裁口，再按原样安装玻璃，抹好油灰。在框边和上下槛端部垫木敲打扶正，与木砖固定，走头加楔打紧。门窗框与墙体的缝隙用灰浆填塞密实。

⑦将配制、加工好的部件与原有框料拼接加鳔、钉钉、背楔，找正、找方，钉好谚子、拉杆后，再进行安装。

保留门窗五金件

门窗的修补

⑧砌补好虎爪处的砖，并用硬木楔背紧与砖之间的缝，随以较干硬的水泥砂浆捻实砖缝，再按原墙抹灰或勾缝。

⑨先将按原榫更换门窗边挺的扇修刨好、将旧孔眼补实处理后钉装小五金件，当其合页螺丝孔眼过大时，用圆木榫堵实后再安装。

门窗扇的拆除

门窗的安装

第三节　油漆粉刷工程

油漆粉刷工程主要包括：木作油漆的脱漆、木作饰面油漆的修复、外檐及主楼过道墙面的清洗。

静园整体的木作油漆经过长年使用出现大面积破坏。其中，爆皮、烟熏、人为损坏、重新刷涂等破坏性最为严重。并且大面积油漆多次刷涂，附着较厚。整体油漆工程未有保留完好的部位。经现场查勘及专家团队商榷，确定此次修缮工程铲除全部遗留油漆并按照原始油漆的材质、样式、颜色等重新施工。

1. 木作油漆的脱漆

①首先采用喷灯脱漆。用喷灯小火大面积喷涂，使其全面预热；随喷烤随用铁挠及扁铲进行铲除，避免喷灯大面积加热造成原始油漆受热后浸入木质而无法铲除。

②附着木材的油漆面层采用试剂清理，经现场查勘、试验，确定表面附着的油漆显酸性。原方案计划采用火碱进行清理，后经试验发现，火碱的碱性过强，酸碱中和能力过强，造成所中和的涂料稀释过快而

木作喷灯脱漆

木作清洗脱漆 1

木作清洗脱漆 2

木作油漆喷刷

浸入木质纹理，浸入的涂料无法清理。经过多次试验，确定采用肥皂水、石灰及稀碱水混合试剂刷洗。刷洗后用清水冲洗擦净，干后用砂纸打磨平整。基层处理后，木材表面须用砂纸顺木纹打磨，各种线角都要打磨规正、平滑。能够保证原始木构件完好，不伤害木质纹理。

③未清理的小部分油漆主要集中在门窗木框表面，采用脱漆剂（内含短碳链的二甲酯，是一种新型、高效、健康、安全和环保的溶剂）进行脱漆。在需要清洗的部位涂刷脱胶剂，每平方米用量为 0.2～0.3 kg 浸约 30 min 后，用清水冲洗。

2. 木作饰面油漆的修复

①木材表面须用砂纸顺木纹打磨，先磨线角，后磨四口平面，各种线角都要打磨规正、平滑。

②刷底子油：刷清油。涂刷时，先保护好小五金件，再按先上后下，先左后右，先外后内的顺序，顺着木纹刷。

③批刮腻子：底子油干透后，批刮腻子，用石膏油性腻子。普通油漆只局部批刮腻子，将钉眼、裂缝、节疤、榫头和边棱残缺处刮补平整。

④刷第一遍油漆：在原桶油中加适量稀释剂，其稠度

以能盖底、不流淌和不显刷痕为宜。

⑤找补腻子、磨砂纸：第一遍油漆干透后，用砂纸轻轻打磨至表面平整、光洁，要注意不能磨掉油漆膜而露出木质。

⑥刷第二遍油漆：用原桶油漆，刷法同第一遍的操作工艺。刷时动作敏捷、多刷、多理，达到刷油饱满，不流坠、薄厚均匀和色泽一致。

⑦在涂刷第二遍油漆后，再用砂纸轻轻打磨一遍，并注意保护好棱角，磨后用潮布擦干净，再涂刷一遍漆。

木作油漆刷涂 1

木作油漆刷涂 2

3. 外檐及主楼过道墙面的清洗

①部分外檐墙面虽然使用时间较长，但是墙面基底较好、结构稳定，墙面破损较轻，仅表面污染。首先，对于保留价值较好的部位进行界定。主楼一层大厅墙、地面所留存面砖为建筑初建年代的原始花砖，经查看确定为当时日本的进口材质，虽然后期使用过程中部分被破坏，但整体性保留较好。在施工前先行打木板保护。

②物理清洗：扫除表面积水、污尘及其他附着物。用高压水枪进行清洗，清洗过程中采用钢丝刷进行清理。清理过程中尽量清理干净，不损坏墙面基底。

外檐墙面清洗

③对于墙体表面仍旧残存的污迹，首先现场采用过草酸、洗衣粉等进行清理，但是清理效果较差。经多次试验，采用化学脱漆剂进行清理。

④使用刷子重复涂抹，直到表面润湿直至基底彻底渗透为止。

⑤墙面采用清洗剂浸10～15min，用高压水枪冲洗干净。

主楼过道墙、地面清洗 1

主楼过道墙、地面清洗 2

主楼过道墙、地面清洗 3

主楼过道墙、地面清洗 4

清洗后的主楼过道墙面

第四节　屋顶工程

屋顶工程主要分为屋架加固工程及瓦屋面恢复工程。其中，屋架加固工程主要包括：原始木构件保留较好但不能满足现行荷载要求的，采用碳纤维加固；原始木构件局部糟朽的，采用夹板加固；原始木构件不能满足强度要求的，采用铁箍加固；糟朽严重无法使用的木构件，更换木构件。

1. 屋架、檩条、龙骨加固

静园经常年腐蚀、水浸、虫蛀及人为破坏，承重木构件多处出现风裂、劈裂、失水、腐烂等现象。针对此情况，通过安全鉴定及专家团队研讨进行深化设计，确定采用碳纤维加固、夹板加固、铁箍加固、更换木构件等方法。

2. 构件加固施工程序

按设计图纸核查构件损坏情况和构件尺寸→编制构件加工单→加工构件临时支顶→按设计图纸拆除或剔凿损坏部位→进行构配件加固→防腐、防火处理→检查、评定、验收加固修缮结果→签证合格后拆除临时支顶。

3. 碳纤维加固

①碳纤维加固的施工流程为：基底修补、打磨处理→涂底层HCJ碳纤维胶黏结剂→用HCJ碳纤维胶黏结剂进行残缺修补→贴第一层碳纤维片→粘贴第二层碳纤维片→表面涂装→养护→完工验收。

②碳纤维布的抗拉强度，首先按纤维的净截面尺寸计算。

③碳纤维布加固，用与碳纤维布配套的底层树脂、找平材料、浸渍树脂、黏结树脂及表面防护材料。

④黏贴碳纤维布前，卸除上部活荷载。如在不能完全卸荷的条件下加固，首先对荷载进行支顶。

⑤碳纤维布的纤维方向与构件轴向垂直，采用封闭

铁箍加固木构件

粘贴，粘贴碳纤维布时，要稳、准、匀，要求做到放卷用力适度，使碳纤维布不皱、不折、展延平滑顺畅。

⑥将涂有黏结树脂的碳纤维板用手轻压贴于需粘贴的位置。用橡皮滚筒顺纤维方向均匀平稳压实，使树脂从两边挤出，保证密实无空洞。

4. 夹板加固

施工时，截去损坏部位，更换与截去的损坏部位尺寸相同的新木料，木料的端头与梁截面接缝严实、顺直，螺栓拧紧固定后，夹板与梁接触平整严密。木夹板采用2×M14的普通螺栓，间距250 mm进行加固，螺栓距离夹板端处100 mm。构件拼接钻孔时，定位临时固定，一次钻通孔眼，确保各构件孔位对应一致。

5. 铁箍加固

中铁箍进行双面加固，采用30×3加固。铁箍间距为500 mm。铁箍端部钻ϕ10的孔，采用2×M8的普通螺栓固定。

6. 更换木构件

部分木构件（如静园三层部分屋顶构架及龙骨）损坏严重，采用整体构件拆除，更换新构件形式进行加固。

更换木构件加工1

碳纤维加固木构件

夹板加固木构件

更换木构件加工2

更换木构件施工 1

更换木构件施工 2

更换木构件施工 3

①更换前，对于需更换部位进行支顶并且适当减轻荷载。

②根据设计图纸弹放出木屋架的足尺(即1:1)大样。根据大样进行加工制作。加工后对构件进行防腐及面层油漆粉刷。

③所有凸榫及槽齿均用锯子锯割，榫和齿的结合面平整贴合严密，其凹凸倾斜的允许偏差不大于1mm，榫肩出5mm，以备拼装时修整。

④在木龙骨间用短料做剪刀撑，其两端与龙骨顶紧钉牢，并不得突出龙骨上面或底面。剪刀撑的间距在1m左右。

7. 屋顶大筒瓦

①静园主楼原有屋面瓦为普通红陶挂瓦，经现场查勘确定此红陶挂瓦为后期维修时更改。按照屋顶脊瓦及阳台栏杆保留原始瓦形式，确定原始主楼瓦顶形式为大筒瓦。原始屋顶土板因长期漏雨、浸泡及虫蛀导致腐蚀严重，已

原始屋面的拆除

加工后的大筒瓦

无法保留继续使用。经商榷确定将所有屋面土板、瓦屋面全部拆除。屋顶加固全部完成，检查合格后方可进行下一道工序施工。

②按照原始大筒瓦的规格、形状和材质开模加工。

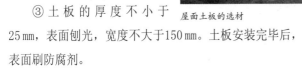

屋面土板的选材

③土板的厚度不小于25 mm，表面刨光，宽度不大于150 mm。土板安装完毕后，表面刷防腐剂。

④瓦所使用的苇把子直径为1～12 mm，并用间距为200～300 mm的腰子扎紧绑牢。黄土用砂质黏土过孔径为25 mm的筛子。麻刀选用松散干燥、长度均匀、柔韧的白麻刀。

⑤将穿过屋面的管道、设备、预埋件等安装完毕，突出屋面的女儿墙、山墙、伸缩缝的根部处理妥善。将檐口、天沟、雨水斗等基层已处理好。

屋面土板的铺钉

屋面土板的防腐处理

⑥先对基层进行适当清扫、洒水湿润后抹第一遍掺稔草较多、厚度约40 mm的草泥（或称底子草泥）。待草泥稍干后，再挂线找坡抹平第二遍草泥，与第一遍草泥合计的总厚度不小于50 mm。草泥干后，沿屋脊和檐口拉线，按筒瓦的规格、尺寸，多分档定垄，弹线刻画标记。

⑦在草泥层上铺瓦时，注意保证瓦垄间距均匀，垄身平直。现场用断面尺寸为60 mm×100 mm的长木杆，按底瓦搭接长度为80～90 mm，瓦垄均匀一致，上下顺直，前后对正。露出的瓦白子，锯刻出瓦形尺寸的瓦齿标准杆，紧靠在底瓦垄上推顶压实。

⑧用掺有适量石灰膏的笨泥，装满挤实两垄底瓦之间的空隙，做成瓦垄状，再将盖瓦的两瓦翘挂好青麻刀灰，接露出瓦白尺至子稳在笨泥垄上与底瓦扣严。扣盖瓦时必须捶挤严实。

⑨用水将瓦垄适当冲洗湿润后，抹做小腮。用鸭嘴将盖瓦时挤出的青麻刀灰掖入小腮缝中，甩清水刷一遍，再将小腮补齐，用鸭嘴掖严压实，抹规整并堵好瓦脸。

⑩在天沟、斜沟处抹麻刀混合灰，并深入瓦底不少于100 mm。在女儿墙，烟囱和山墙与屋面相交处的根部抹麻刀混合灰，嵌入挑（拔）砖下面的砖缝。

瓦屋面底泥施工　　瓦屋面施工

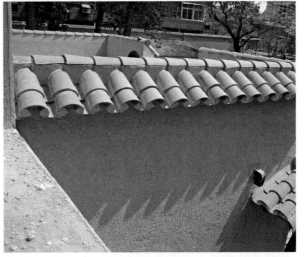

瓦屋面施工完毕

第五节　装饰装修及园林景观工程

一、装饰装修工程

静园原有的自身特色装饰装修部位主要集中在：室内板条抹灰、顶棚花饰、五金件的安装、铁艺工程及外檐抹灰。

1. 五金件的安装及铁艺工程

原有保留五金件

①原有静园所保留的五金件及铁艺部分保存基本完好，但大部分在后期使用过程中破损或丢失，无法继续修补施工。

②对于保留的五金件及铁艺，施工前进行保护性拆除，并采用去污试剂进行清理。清理完毕后整体进行防锈处理，并按照原始效果进行饰面加固，恢复其原真性。

原有保留铁艺

③对于破损或丢失部分，严格按照原始材质、原始式样、原始工艺加工定制。确保文物整体的统一性及原真性。

添配铁艺　　　　板条的施工

2. 板条抹灰工程

原有静园轻质隔墙及吊顶全部采用板条抹灰的施工工艺，经长时间老化及人为使用已全部损坏，无法再利用。经现场查勘及专家团队共同确认，整修方案为全部拆除并按照原始工艺进行修复。

①首先检查屋面防水或上层楼地面是否已做完，经检查不漏。安装新做顶棚内的各种管道、管线等，经检查合格。

②在墙上弹水平控制线和设计标高，沿墙的四周弹画顶棚水平线。沿墙的四周钉、吊围圈边龙骨。在主龙骨下面用吊木垂直吊钉次龙骨，在次龙骨下面垂直铺钉板条。

③麻刀水泥石灰打底，抹灰时，横着板条方向抹，用力把灰挤压入板条的缝隙内。

④紧跟着抹石灰砂浆，浇水润湿，在板条顶棚上顺着板条方向抹石灰砂浆找平层，再抹纸筋灰或麻刀灰罩面。

施工完毕后的板条

顶棚花饰抹灰施工

3. 顶棚花饰工程

原有静园一层顶棚花饰经长时间老化及人为使用已全部损坏，无法再利用。经现场查勘及专家团队共同确认，整修方案为全部拆除并按照原始工艺进行修复。

①首先详细记录原始花饰的形式、规格、尺寸。

②顶棚板条抹灰施工完毕后，按照原始记录进行复原施工。

4. 外檐抹灰工程

原有静园外檐抹灰经长时间老化及人为使用已全部损坏，无法再利用。经现场查勘及专家团队共同确认，整修方案为全部拆除并按照原始工艺进行修复。

①拆除前，细致分析原始外檐抹灰材料及配比。保留原始样板，指导恢复施工。

②顶棚板条抹灰施工完毕后，按照原始记录进行复原施工。

③多次制作施工样板，最终确定施工方案。

④按照外檐抹灰相应工艺及确定样板进行施工，严格控制工程质量。

外檐抹灰样板　　　　　　　　外檐抹灰施工

园林景观施工

二、园林景观工程

园林景观工程施工过程中对主楼入口坡道石材进行恢复，整体院落铺设石钉，保留原有植物并移植各类植物，复原天然汉白玉水池喷泉，修复院墙入口大门，修复连廊。

其中，对原始静园院落内的两个花池进行归位、复原，对入口处古树进行支顶保护并贴饰虎皮砖进行美观装饰。

入口大门整修

第八章 附属设备施工技术

第一节 消防设备施工技术

在静园的消防设施加强中，为保留原有的砖木结构形式，采用技防设备手段对建筑物整体杜绝火灾隐患。

①建筑物使用耐火砖砌筑，墙体加固、砌筑采取钢网抹灰方式，保证发生火灾时墙体不松散。

设置电力箱式站

②建筑物主楼的楼道、地下室和各房间都设有烟感报警器，全部连接到传达室的自动报警装置，设有专人看管，并定期对自动报警器进行测试。

③在院内和楼内明显处设置消防器材箱，并且定期进行检查，保证消防器材的良好使用性。

④安装电力箱式站，使用智能型万能式断路器，在电气闸箱中均配置了合格的漏电保护器，消除电气漏电起火隐患。

设置烟感报警器　　　　设置消防应急照明

⑤院内和建筑物周围设置多处可供消防使用的水源，水压充足。

⑥院内和两间展览室分别多处设立严禁烟火的警示牌、消防应急灯、安全出口指示牌和火灾报警控制器（联动型）等设备。

⑦在主楼及院内安装背景音乐音箱并与消防系统联结，出现火灾情况第一时间通知建筑物内的所有人员，以便及时疏散。

第二节 智能化设备及防雷设备施工技术

一、智能化设备施工

①在主楼、院内、附属房间内安装监控摄像系统，设有专人24小时看管，及时监控及留有录像资料。

②在主楼和展室安装无线幕帘报警系统，出现异常进入情况及时报警，以便第一时间赶赴现场。

③在主楼及院内安装背景音乐音箱，营业中可播放音频文件，出现异常情况可通过话筒及时通知建筑物及院内各个角落的人员。

设置监控录像系统　　　　设置背景音乐系统

二、防雷设备施工

①该工程采用TN-C-S系统，三相五线制，采用人工接地，接地电阻小于1Ω。接地极为φ18×2500 mm的镀锌圆钢。

②各种金属管道在入户处做总等电位联结，配电箱内设漏电开关。

③本工程的防雷等级为二级。屋顶设避雷网，采用φ10的镀锌圆钢沿挑檐明敷，突出屋面的所有金属物体均与避雷网焊接。防雷引下线为两根φ16的镀锌圆钢沿墙暗敷至地下，与大地可靠连接，并在距地500 mm处预留防雷测试点。

④引下线处带在距地500 mm处预留防雷测试点。

设置防雷系统

图 纸 篇

　　历经一年半的腾迁整修，静园再次展现出原有的建筑风采。2007年7月，静园作为国家AAA级旅游景区向公众开放，先后荣获"中国旅游品牌魅力景区"、国家级青年文明号、天津市爱国主义教育基地、天津市科普教育基地等称号，成为"近代中国看天津"精品文化旅游景点，也成为展示天津近代历史的一个重要窗口。

After one year and a half of empting and restoration, Jingyuan show its original mien. In July 2007, Jingyuan was opened to the public with the title of national AAA-class tourist area. Since its opening, Jingyuan has been successively awarded the glory titles such as "China Tourism Brand Charming Scenic Spot", "Tianjin Patriotism Education Base", "Tianjin Science Education Base" and "State-Level Youth Civilization" etc. Jingyuan has become the Cultural Tourist Attraction in Tianjin and the important window to show the recent history of Tianjin.

津城静园

门厅整修后

原大餐厅整修后

原小餐厅整修后

原议事厅整修后

花厅整修后

原会客厅整修后

原溥仪书房整修后

原溥仪卧室整修后

婉容书房整修后

三层回廊窗户整修后

主楼三层回廊整修后

西跨院鱼形壁泉整修后

整修后的吊灯和木质屋架

整修后的外窗

外廊墙面

彩色玻璃

整修后的门把手

室内一角

整修后的庭院和喷泉

主楼一层平面图

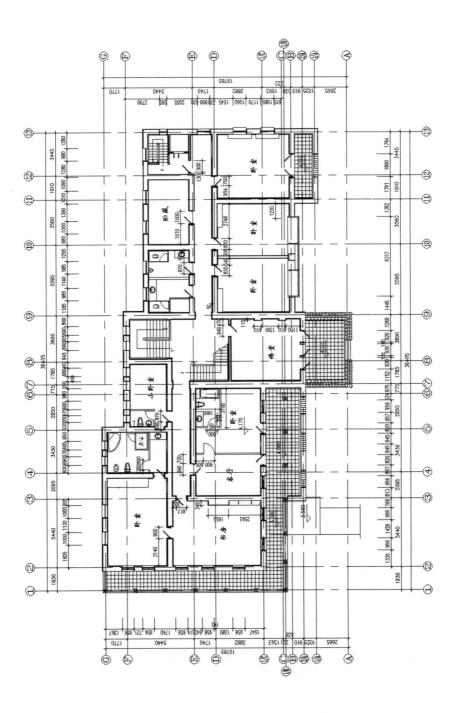

主楼二层平面图

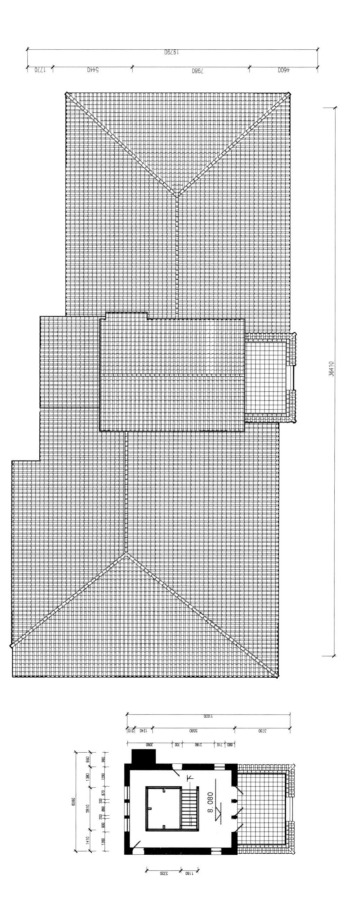

主楼三层平面以及屋顶平面

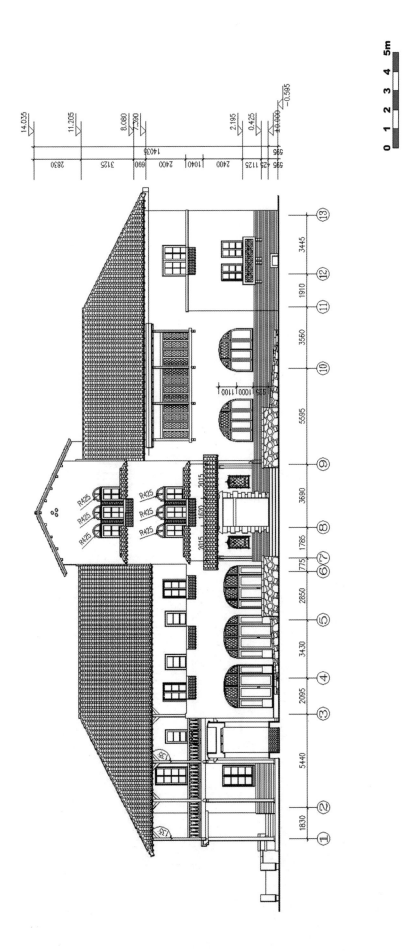

主楼南立面

0 1 2 3 4 5m

主楼北立面

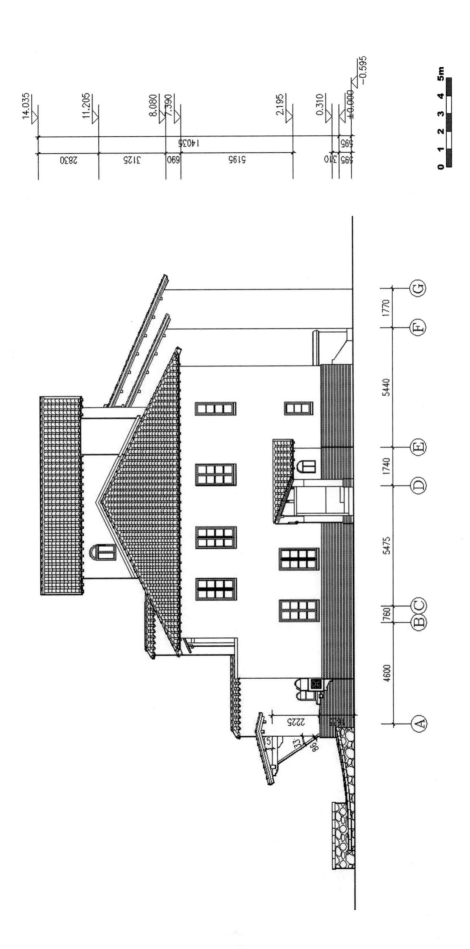

主楼东立面

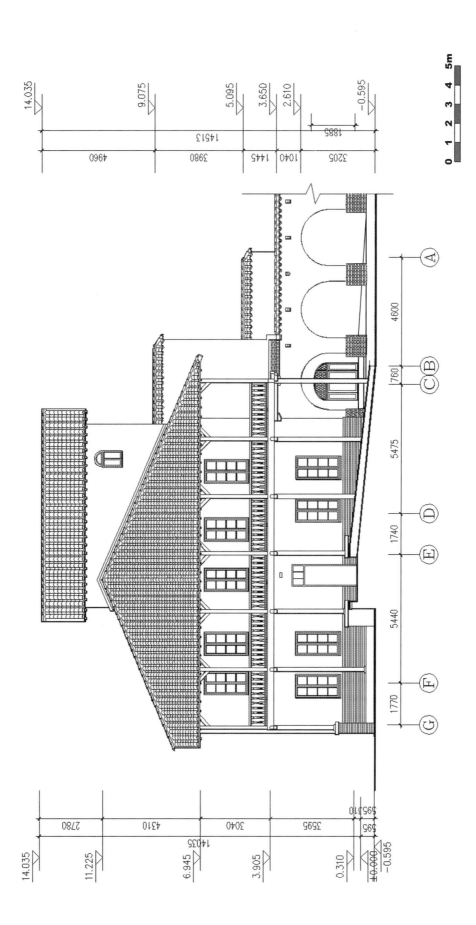

主楼西立面

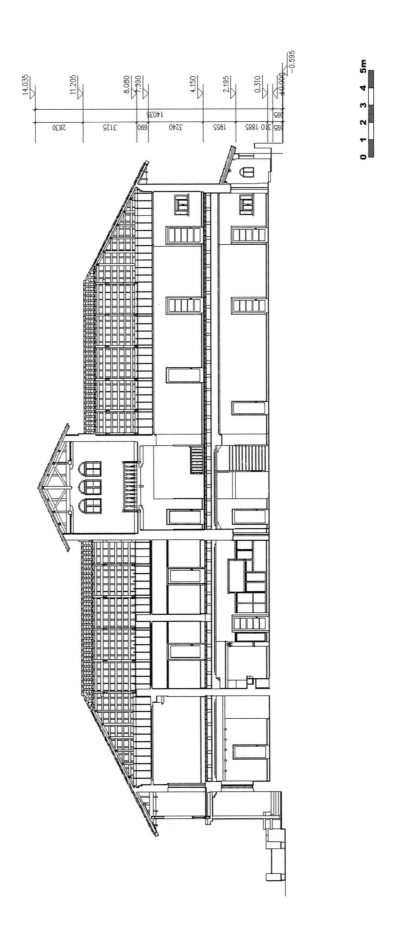

14.035

11.205

8.080
7.390

4.150

2.195

0.310

±0.000
-0.595

14035

2830

3125

690

3240

1955

1885

310 1885

695

695

0 1 2 3 4 5m

主楼 1-1 剖面

主楼 2-2 剖面

14.035

9.075

5.095

3.650

2.610

0.310

±0.000

−0.595

14035

595

4960

3980

1445

1040

2300

310

595

图书馆一层平面

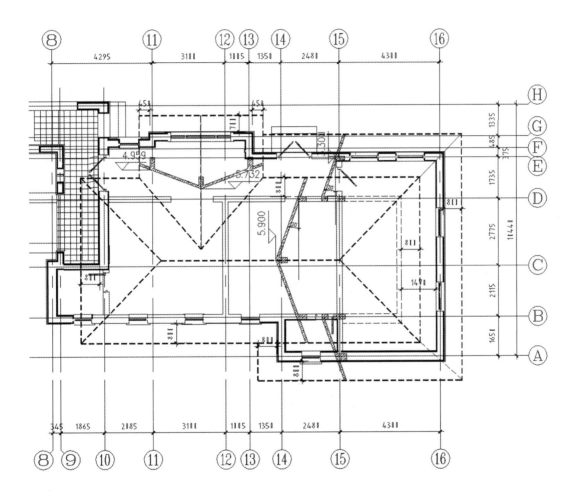

0 1 2 3 4 5m

图书馆屋顶平面

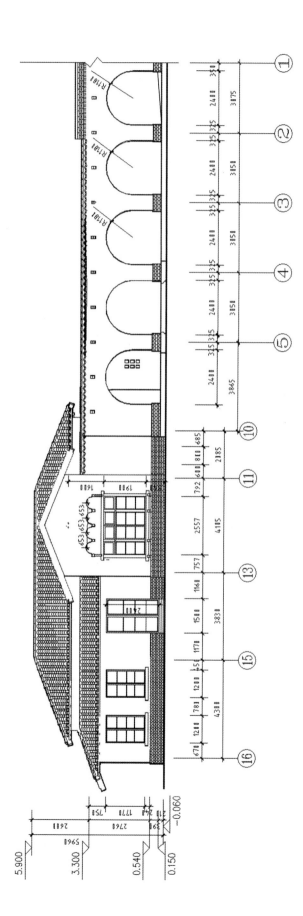

图书馆东立面

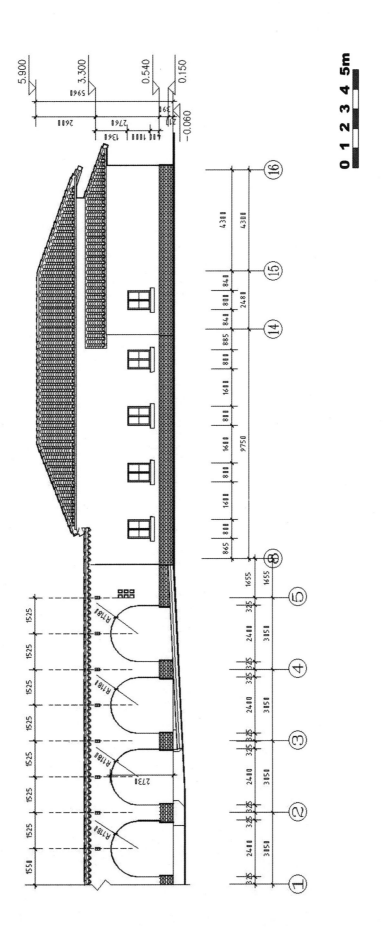

图书馆西立面

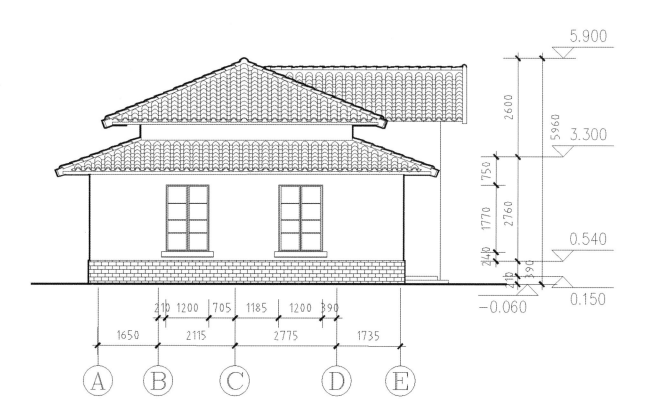

5.900

2600

5960

3.300

750

1770

2760

240

0.540

210

390

-0.060

0.150

210 1200 705 1185 1200 390

1650 2115 2775 1735

Ⓐ Ⓑ Ⓒ Ⓓ Ⓔ

0 1 2 3 4 5m

图书馆南立面

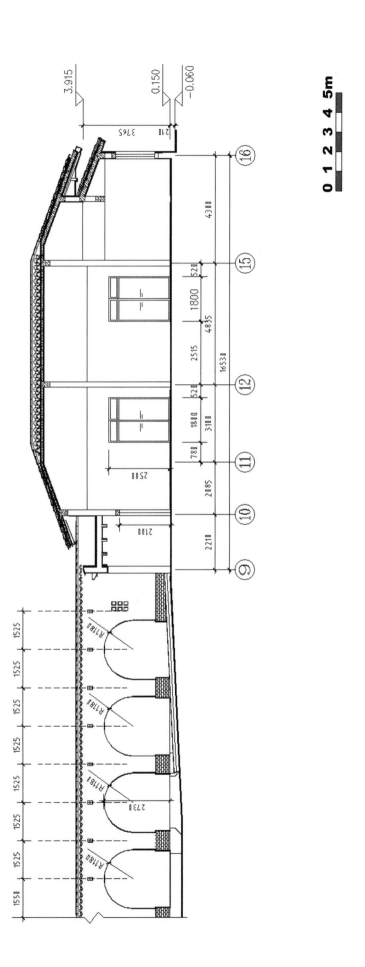

图书馆 1—1 剖立面

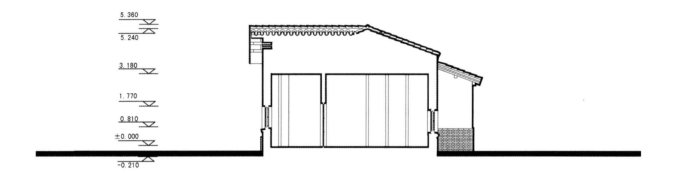

5.360
5.240

3.180

1.770

0.810

±0.000

−0.210

0 1 2 3 4 5m

图书馆 2−2 剖面

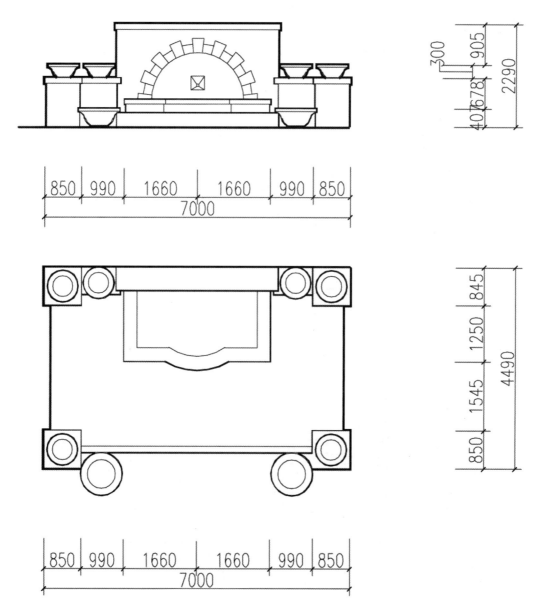

0 1 2 3 4 5m

图书馆水池平立面

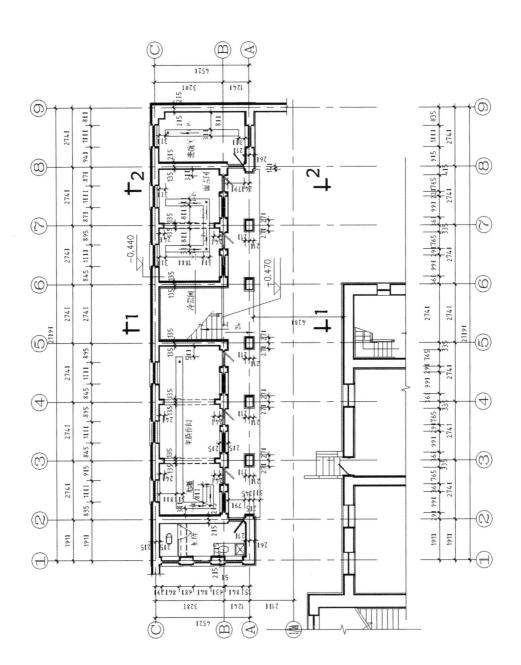

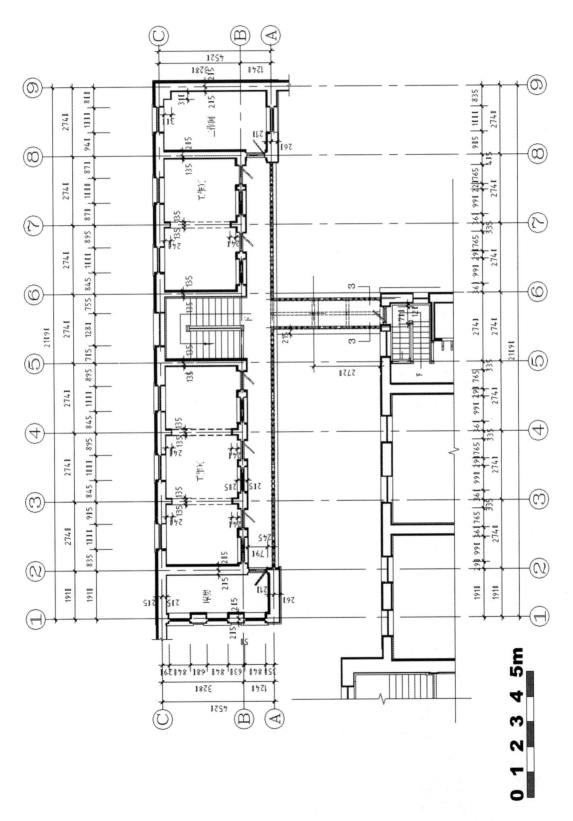

佣人房二层平面

0 1 2 3 4 5m

佣人房南立面

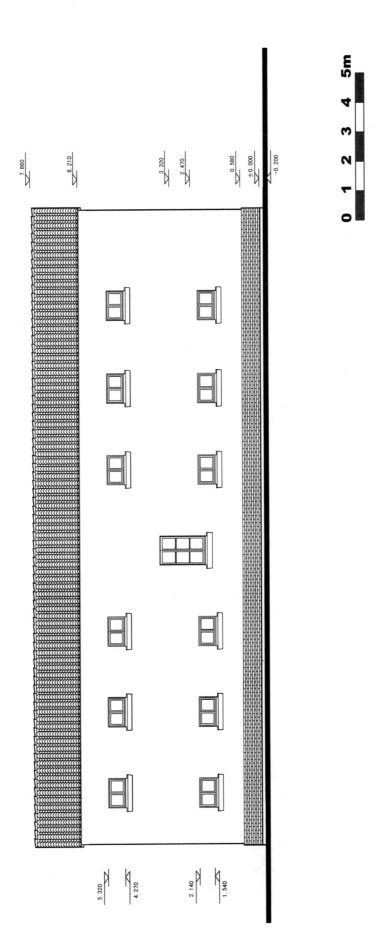

7.860

6.210

3.320

2.470

0.580

±0.000

-0.200

5.320

4.270

2.140

1.540

0 1 2 3 4 5m

佣人房北立面

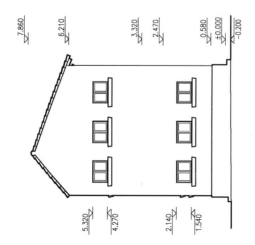

佣人房西立面及屋顶平面

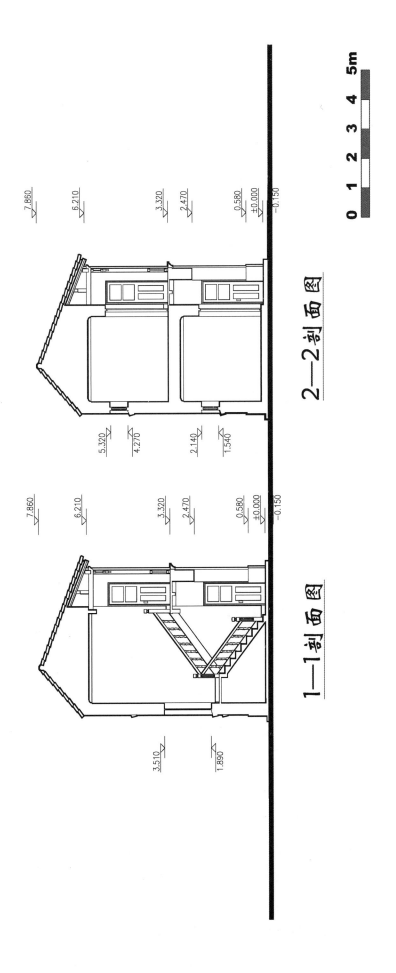

2—2剖面图

1—1剖面图

佣人房剖立面

静园大门及厨房车库平面

静园大门屋顶平面

静园大门沿街立面

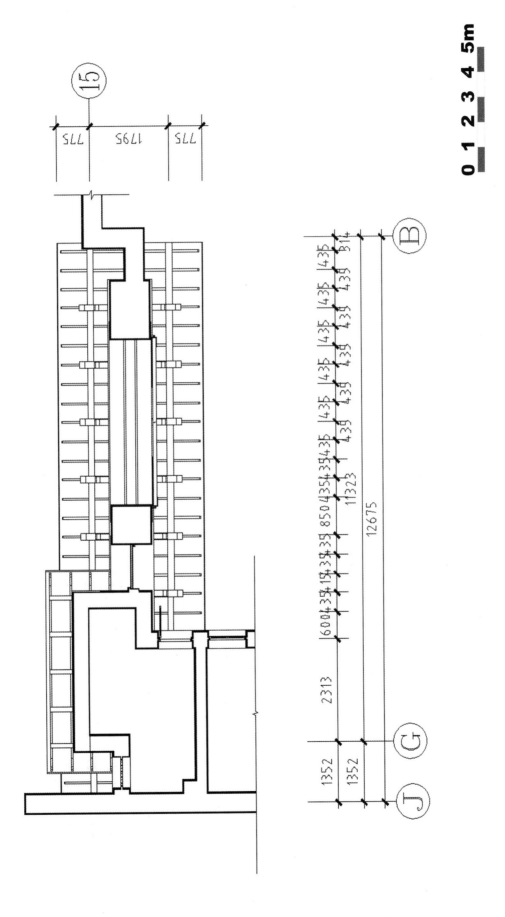

静园大门沿街梁架仰视

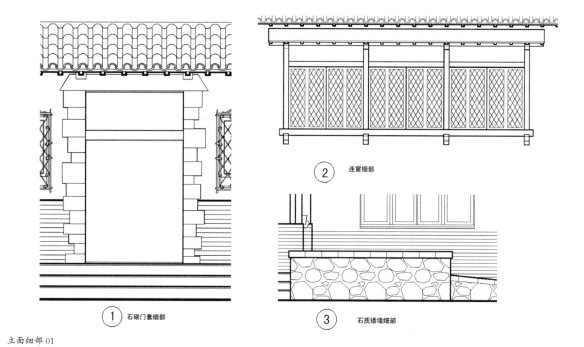

① 石砌门套细部

② 连窗细部

③ 石质矮墙细部

立面细部 01

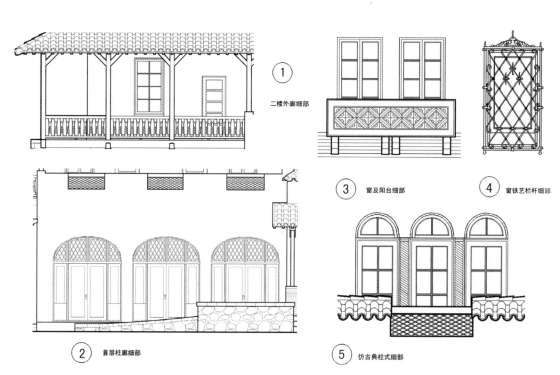

① 二楼外廊细部

② 首层柱廊细部

③ 窗及阳台细部

④ 窗铁艺栏杆细部

⑤ 仿古典柱式细部

立面细部 02

附　录

附录一　木材技术修复试验

试验木材取自历史风貌建筑楼面木龙骨，对木材试样进行拉伸和压缩试验，获得木材强度，对历史风貌建筑木构件加固技术及加固前后的稳定性能进行分析研究。本次试验目的为测试木材在实际现场情况下的力学性能，故对木材试样的含水率没有进行单独测试。

1. 木材顺纹抗拉强度试验

（1）试样数量

取试样5个。

（2）遵照标准

试验遵照《木材顺纹抗拉强度试验方法标准》（GB/T 1938—2009）进行。

（3）试验原理

沿试样顺纹方向，以均匀速度施加拉力至破坏，获得木材的顺纹抗拉强度。

（4）试验设备

①试验拉伸机，测量精度应符合相关标准的规定。试验拉伸机的十字头、卡头及加具安装后拉伸行程不小于400 mm，夹钳的钳口尺寸为10～20 mm，并要保证试样沿纵轴受力。

②游标卡尺或千分计，测量精度精确至0.1 mm。

（5）试样及截取位置

应符合相关标准的规定，试样应沿顺纹方向在历史风貌建筑的有关部位截取，共取5个试样。

（6）试样尺寸

试样尺寸如图1所示(单位：mm)。

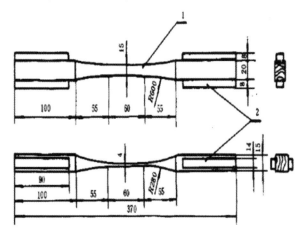

图 1 试样尺寸

（7）试验步骤

①在试样有效部分的中央测量厚度和宽度，精确至 0.1 mm。

②将试样两端夹紧在试验机的钳口中，使试样的宽面与钳口相接触，两端靠近弧形部分露出20～25 mm，竖直地安装在试验机上。

③试验以均匀速度加荷，在1.5～2.0 min内使试样破坏，破坏荷载精确至100 N。

（8）加荷曲线

加荷曲线如图2至图6所示。顺纹拉伸后的木材试样如图7所示。

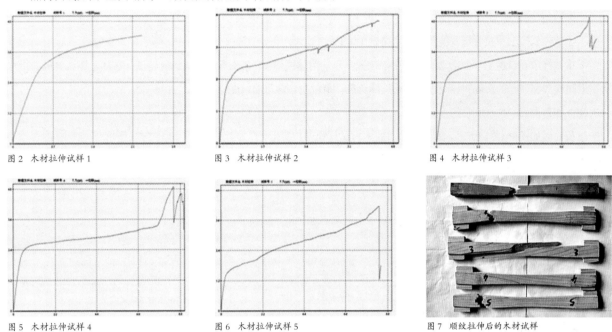

图2 木材拉伸试样1　　　　图3 木材拉伸试样2　　　　图4 木材拉伸试样3

图5 木材拉伸试样4　　　　图6 木材拉伸试样5　　　　图7 顺纹拉伸后的木材试样

（9）试验结果分析

根据《木结构设计规范》（GB 50005—2003），美松的强度等级为TC13A级，顺纹抗拉强度参考设计值为8.5MPa。试验实测平均抗拉强度为42.33MPa（表1），除以抗力分项系数，结果为21.7MPa，高于规范规定的设计值。

表1　木材试样拉伸试验数据

序号	标距/mm	宽度/mm	厚度/mm	最大力/kN	抗拉强度/MPa	平均抗拉强度/MPa
1	50	15.40	6.80	4.24	40.46	
2	50	15.24	6.80	3.81	36.74	
3	50	15.48	6.80	4.97	47.21	42.33
4	50	15.26	6.80	4.89	47.12	
5	50	15.26	6.78	4.15	40.12	

2. 木材顺纹抗压强度试验

（1）试样数量

取试样5个。

（2）遵照标准

试验按照木材顺纹抗压强度试验方法标准（GB/T 1935—2009）进行。

（3）试验原理

沿试样顺纹方向，以均匀速度施加压力至破坏，获得木材的顺纹抗压强度。

（4）试验设备

①试验机，测量精度应符合相关标准的规定。

②游标卡尺或千分计，测量精度精确至0.1mm。

（5）试样及截取位置

应符合相关标准的规定，试样应在历史风貌建筑的有关部位截取，共取5个试样。

（6）试样尺寸

试样尺寸为30mm×20mm×20mm，长度为顺纹方向。

（7）试验步骤

①在试样长度的中央测量宽度及厚度，精确至0.1mm。

②将试样放在试验机球面活动支座的中心位置，以均匀速度加荷，在1.5～2.0min内使试样破坏，即试验机的指针明显退回或数字显示的荷载明显减小。记录破坏荷载，荷载允许测得的精度为100N。

（8）加荷曲线

加荷曲线如图8至图12所示。顺纹压缩后的木材试样如图13所示。

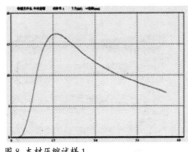

图8 木材压缩试样1

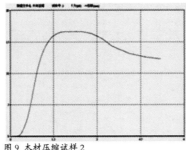

图9 木材压缩试样2

图10 木材压缩试样3

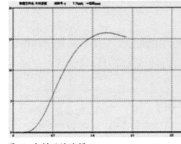

图11 木材压缩试样4

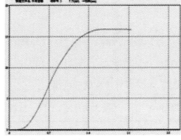

图12 木材压缩试样5

图13 顺纹压缩后的木材试样

（9）试验结果分析

根据《木结构设计规范》（GB 50005—2003），美松的强度等级为TC13A级，顺纹抗压强度参考设计值为12MPa。试验实测平均抗压强度为41.52MPa（表2），除以抗力分项系数，结果为28.6MPa，高于规范规定的设计值。

表2 木材试样压缩试验数据

序号	标距/mm	宽度/mm	厚度/mm	最大力/kN	抗压强度/MPa	平均抗压强度/MPa
1	30	19.96	19.74	16.67	42.31	
2	30	19.98	19.84	16.65	42.00	
3	30	20.00	19.96	16.57	41.51	41.52
4	30	20.06	19.96	16.05	40.08	
5	30	19.82	19.60	16.21	41.72	

附录二　原始砖抗压强度试验

　　试验用砖取自历史风貌建筑墙体，对砖试样进行抗压强度试验，评判青砖和红砖的抗压强度等级，对历史风貌建筑的砖砌体加固技术及加固前后的强度和抗震性能进行分析研究。

　　（1）仪器设备

　　①压力试验机。

　　②抗压试样制备平台，平台要求平整、水平。

　　③水平尺，规格为250～300mm。钢直尺，分度值为1mm。

　　（2）试样数量

　　取试样10块。

　　（3）试样制备

　　①将试样切断或锯成两个半截砖，断开的半截砖长不得小于100mm，如果不足100mm，应另取备用试样补足。

　　②在试样制备平台上，将已断开的半截砖放入室温下的净水中浸10～20min后取出，并以断口相反方向叠放，两者中间抹以厚度不超过5mm的用强度等级为32.5级的普通硅酸盐水泥调制成的稠度适宜的水泥净浆黏结，上下两面用厚度不超过3mm的同种水泥浆抹平。制成的试样上下两面须相互平行，并垂直于侧面。

　　（4）试样养护

　　制成的抹面试样应置于不低于10℃的不通风室内养护3d，再进行试验。

　　（5）试验步骤

　　①测量每个试样连接面或受压面的长、宽尺寸各两个，分别取其平均值，精度精确至1mm。

　　②将试样平放在加压板的中央，垂直于受压面加荷，应均匀平稳，不得发生冲击或振动。加荷速度以2～6kN/s为宜，其中烧结普通砖的加荷速度为(5±0.5)kN/s，空心砖和空心砌块的加荷速度为1～2kN/s，直至试样被破坏为止，记录最大破坏荷载P。

　　（6）结果计算与评定(普通砖与多孔砖一样)

　　①每块试样的抗压强度f_i按式(1)计算，结果精确至0.01MPa。

$$f_i = \frac{P}{LB} \qquad \cdots\cdots\cdots\cdots\cdots\cdots\cdots\cdots\cdots\cdots\cdots\cdots (1)$$

式中　f_i——单块试样的抗压强度测定值（MPa）；

　　　P——最大破坏荷载（N）；

　　　L——受压面（连接面）的长度（mm），取两对边长度的平均值；

　　　B——受压面（连接面）的宽度（mm），取两对边宽度平均值。

　　②试验后按式(2)和式(3)分别计算出变异系数δ和标准差s。

$$\delta = \frac{s}{f} \qquad \cdots\cdots\cdots\cdots\cdots\cdots\cdots\cdots\cdots\cdots\cdots\cdots (2)$$

$$s = \sqrt{\frac{1}{9}\sum_{i=1}^{10}(f_i - \overline{f})^2} \qquad \cdots\cdots\cdots\cdots\cdots\cdots\cdots\cdots\cdots (3)$$

式中δ——砖强度变异系数，精确到0.01；

s——10块试样的抗压强度标准差，精确至0.01MPa；

$\bar{f}$——10块试样的抗压强度平均值，精确至0.01MPa；

f_i——单块试样的抗压强度测定值，精确至0.01MPa。

③平均值——标准值方法评定。

变异系数δ不大于0.21时，按表1中抗压强度平均值f、强度标准值f_k指标评定砖的强度等级。样本量$n=10$时的强度标准值按式(4)计算。

$$f_k = \bar{f} - 1.8s \qquad \cdots\cdots\cdots\cdots\cdots\cdots\cdots\cdots\cdots\cdots\cdots \quad (4)$$

式中 f_k——强度标准值，精确至0.1MPa。

④平均值——最小值法评定

变异系数δ大于0.21时，按表1中抗压强度平均值f和单块最小抗压强度值f_{min}评定砖的强度等级，单块最小抗压强度值精确至0.1MPa。

⑤强度的试验结果若符合表1中数据的规定，则判断砖强度合格，且评定出相应的等级；否则，判为不合格。

表1 《砌体结构设计规范》（GB 50003—2001）规定的普通砖和烧结砖的强度

MPa

强度等级	抗压强度平均值$f\geqslant$	变异系数$\delta\leqslant0.21$	变异系数$\delta>0.21$
		强度标准值$f_k\geqslant$	单块最小抗压强度值$f_{min}\geqslant$
MU30	30	22	25
MU25	25	18	22
MU20	20	14	16
MU15	15	10	12
MU10	10	6.5	7.5
MU7.5	7.5	5	6

（7）烧结砖强度试验流程

核实样品→试样制作→养护3d→测量→记录→检查仪器设备→测程选择→调零→试样安装→加荷→破坏，关机卸荷→取下试样并检查→记录计算结果。

（8）在试验过程中发生意外事故及干扰的处理办法

在进行力学试验的加荷过程中发生停电，设备出现意外故障或损坏，如施加的荷载已接近破坏荷载，则试样作废，检测结果无效。如所施加的荷载已达到破坏荷载(试件已破裂，指针回转)，则检测结果有效。

（9）实验数据及结论

实验数据及结论如表2、表3所示。

表2　青砖抗压强度试验数据及结论

青砖(测试日期为2010年6月10日，实际养护期为3 d)

编号	长/mm	宽/mm	破坏荷载/kg	破坏荷载/kN	抗压强度/MPa	结论
1	100	100	5550	55.5	5.55	
2	110	105	9500	95.0	8.23	
3	100	95	5350	53.5	5.63	
4	110	100	6500	65.0	5.91	
5	110	110	9050	90.5	7.48	
6	113	108	7000	70.0	5.74	
7	110	110	6450	64.5	5.33	
8	110	110	9400	94.0	7.77	
9	110	108	9750	97.5	8.21	
10	105	100	4600	46.0	4.38	
10块砖抗压强度平均值					6.42	<7.5
10块试样抗压强度标准差					1.30	
砖强度变异系数					0.20	<0.21
强度标准值					4.09	<5
青砖强度等级评定					小于MU7.5	强度较差

表3　红砖抗压强度试验数据及结论

红砖(测试日期为2010年6月10日，实际养护期为3 d)

编号	长/mm	宽/mm	破坏荷载/kg	破坏荷载/kN	抗压强度/MPa	结论
1	110	108	10000	100.0	8.42	
2	115	108	7500	75.0	6.04	
3	110	107	5450	54.5	4.63	
4	110	108	10250	102.5	8.63	
5	110	100	5500	55.0	5.00	
6	113	110	8650	86.5	6.96	
7	113	107	12350	123.5	10.21	
8	108	108	12700	127.0	10.89	
9	108	105	8950	89.5	7.89	
10	110	110	6750	67.5	5.58	
10块砖抗压强度平均值					7.42	<7.5
10块试样抗压强度标准差					2.04	
砖强度变异系数					0.27	>0.21
单块最小抗压强度值					4.63	<6
红砖强度等级评定					小于MU7.5	强度较差

附录三 钢筋网水泥加固所用钢筋拉伸试验

1. 试验步骤

①准备试样。用刻线机在原始标距范围内刻圆周线（或用小钢冲打小冲点），将标距内分为等长的10格。用游标卡尺在试样原始标距内的两端及中间处两个相互垂直的方向上各测一次直径，取其算术平均值作为该处截面的直径，然后选用三处截面直径的最小值来计算试样的原始截面面积（取三位有效数字）。

②调整试验机。根据低碳钢的抗拉强度和原始横截面面积估算试样能承受的最大荷载，配置相应的摆锤，选择合适的测力度盘。开动试验机，使工作台上升10 mm左右，以消除工作台系统自重的影响。调整主动指针对准零点，从动指针与主动指针靠拢，调整好自动绘图装置。

③装夹试样。先将试样装夹在上夹头内，再将下夹头移动到合适的夹持位置夹紧试样下端。

④检查与试车。请指导教师检查以上步骤的完成情况。开动试验机，少量加荷（荷载对应的应力不能超过材料的比例极限），然后卸载到零，以检查试验机工作是否正常。

⑤进行试验。开动试验机，缓慢而均匀地加荷，仔细观察测力指针转动和绘图装置绘出图的情况。注意捕捉屈服荷载值，将其记录下来用以计算屈服点应力值，屈服阶段注意观察滑移现象。过了屈服阶段，加荷速度可以快些。将要达到最大值时，注意观察"缩颈"现象。试样断后立即停车，记录最大荷载值。

⑥取下试样和记录纸。

⑦用游标卡尺测量断后标距。

⑧用游标卡尺测量缩颈处最小直径。

本次试验中双面加固的试样采用圆6钢筋网片，留4根；单面加固的试样采用圆8钢筋网片，留4根（图1）。试验过程中，由于钢筋直径较小，万能试验机的夹具和钢筋之间有滑移。试验曲线没有明显的屈服平台，本报告仅提供钢筋的极限抗拉强度，均在500 MPa以上。

2. 实验数据及结论

拉伸试验结果如表1所示。

图1 拉伸后的钢筋试样

表1 钢筋拉伸试验数据及结论

	编号	极限荷载/kN	直径1/mm	直径2/mm	直径3/mm	平均直径/mm	截面面积/mm²	初始标距/mm	拉伸标距/mm	断面直径1/mm	断面直径2/mm	抗拉强度/MPa	伸长率	断面收缩率	平均抗拉强度/MPa
圆8	1	21.5	—	—	—	8.00	50.24	—	—	—	—	427.95	—	—	502.95
	2	21.6	7.30	7.88	7.98	7.72	46.78	79.90	89.14	4.32	3.84	461.69	11.6%	72.1%	
	3	21.8	7.02	7.04	7.00	7.02	38.69	79.16	作废	4.62	4.42	563.52	—	58.5%	
	4	21.9	7.06	7.08	7.06	7.07	39.20	83.34	作废	4.64	4.56	558.66	—	57.6%	
圆6	1	14.8	5.82	5.58	5.78	5.73	25.74	59.64	66.44	4.00	2.98	574.89	11.4%	62.9%	564.25
	2	14.6	5.88	5.76	5.92	5.85	26.90	58.48	64.12	3.58	2.96	542.85	9.6%	68.8%	
	3	14.7	5.86	5.66	5.60	5.71	25.56	60.34	65.04	2.94	3.58	575.02	7.8%	67.4%	
	4	作废	—	—	—	—	—	—	—	—	—	—	—	—	

附录四　砖砌体及加固砖砌体试验

1. 试验的主要步骤

结构试验大体上可以分为试验设计、试验准备、试验实施和试验分析四个阶段。

（1）试验设计

试验设计是整个结构试验中极为重要的并且具有全局性的一项工作，它的主要内容是对所有要进行的结构试验工作进行全面的设计与规划，从而使设计的计划与试验大纲能对整个试验起统管全局和具体指导的作用。

首先，应该明确试验目的和主要任务，然后根据所研究的课题收集和查阅相关资料，确定试验的性质、规模和试样的形式，再依据一定的理论做出试样的具体设计。在设计试样的同时，还需要分析试样在加载的各个阶段所预期的内力与变形数值，特别是具有代表性的并能反映整个试样工作状况的部位所测定的内力与变形数值，以便在试验中加以控制并随时校核；要确定加载方案和测量项目、位置及方法，注意每个测点和测量仪器都应该有明确的目的性和针对性，不要盲目地追求量多和仪表的高精度；选定试验所需要的设备和各种仪表；制定安全防护措施；提出试验进度计划和人员的技术分工。

（2）试验准备

试验的准备工作比较烦琐，工作量很大，包括试样的制作、运输与安装；试验人员的组织与分工；设备的就位和仪表的检测、率定与安装；材料的力学性能与测定。试验准备阶段的工作质量将直接影响到结构试验的准确程度，需要试验人员进行很好的组织，要按部就班、有条不紊、认真细致地工作。

（3）试验实施

试验实施阶段是整个试验的核心部分。试验时，对于一些重要的或控制性的数据应随时进行整理分析，以指导下一步的工作，如有问题应尽快查明原因，对试验及时进行调整。试验后，原始数据要保留完整，尽量存入计算机中，便于此后的整理分析。

（4）试验分析

试验后，对采集的原始数据进行整理换算、统计分析、归纳总结，对试验现象及结果进行系统分析，以得到代表结构性能的公式、图像、表格、曲线和数学模型等。

试验时采集到的数据量很大，因此必须要对数据进行处理，去粗取精，去伪存真，以便得到准确的试验结果。

2. 试样设计

未加固砖砌体试样取3个，其中2个做低周反复荷载试验，另1个做轴向抗压试验；单面钢筋网水泥加固砖砌体试样取2个，做低周反复荷载试验；双面钢筋网水泥加固砖砌体试样取2个，做低周反复荷载试验。

试样模拟住宅建筑中常见的外窗间墙，以一定比例缩小，试样尺寸为1000 mm×1020 mm（15层砖）×240 mm（宽×高×厚），高厚比为4.25，小于《砌体结构设计规范》（GB 50003—2001）规定的墙体允许高厚比。试验用砖从典型历史风貌建筑中截取，砂浆则根据典型历史风貌建筑所用砂浆性质配制，以最大限度达到试样与实际情况的一致性。加固抹面用砂浆采用M15。墙顶部现浇一根钢筋混凝土圈梁，尺寸为240 mm×200 mm（宽×高），长度为1000 mm。墙体下部现浇一根340 mm×250 mm（宽×高）的钢筋混凝土地梁，长度为1500 mm（两边各长出墙体250 mm），试验时用以把试样固定于地面。240 mm厚的墙砌筑于340 mm宽的地梁中央，距离地梁宽度方向两侧边各50 mm。圈梁和地梁的混凝土标号为C20，以确保圈梁和地梁有足够的强度，保证破坏出现在墙体。墙顶部梁配筋全截面纵筋4φ10，箍筋6@200，墙下部梁配筋全截面纵筋8φ14，箍筋8@150，试样尺寸见图1、图2。

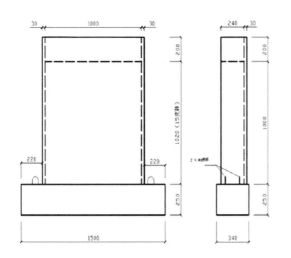 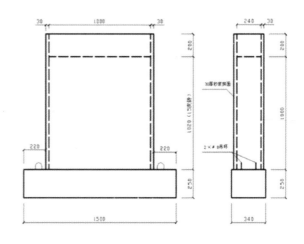

图 1 单面加固试样尺寸（单位：mm）　　　　　图 2 双面加固试样尺寸（单位：mm）

由于实际加固时竖向钢筋须在楼板处锚固，因此加固试样的竖向钢筋深入地梁的孔洞中，用水泥砂浆锚固。待地梁混凝土硬化后在地梁的相应位置上钻直径为10～12mm、深100mm的孔洞。锚固钢筋用的砂浆应饱满密实。

竖向钢筋伸至圈梁顶面，满足保护层厚度，抹面砂浆抹至与圈梁顶面齐平。在抹面之前将圈梁四周侧面打毛，使抹面砂浆更好地与圈梁黏结。

实际加固时遇到墙体转角部位，钢筋网水泥抹面须转角抹至墙体端部。因此单面加固试样水泥钢筋网弯折90°至墙体两端将墙端包住，双面加固试样将四周全部包住。钢筋网布置如图3所示。

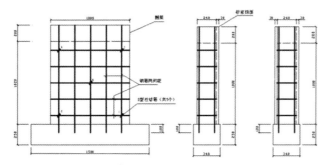

图 3 钢筋网布置

①钢筋网间距按照实际工程加固方案布置。

②砌筑方法按照典型天津市历史风貌建筑的实际情况砌筑，抹面用砂浆按实际工程加固方案施工。

③钢筋网四边及中心用5个S形拉结筋固定，拉结筋拉结于横纵钢筋交叉点上，拉结筋预先在砖上打孔，用环氧树脂固定于相应位置的砖上。

④在钢筋网片5个拉结筋处的水平钢筋、垂直钢筋上分别粘贴电阻应变片，待钢筋网片固定后，应变片的粘贴在砂浆抹面之前再具体给出。

⑤钢筋网单面加固用直径为8mm的钢筋，双面加固用直径为6mm的钢筋，竖向钢筋向上伸入圈梁顶部，满足保护层厚度，用水泥砂浆抹至与圈梁顶部齐平，最终砂浆与圈梁总宽度不得超过300mm。双面加固的横向钢筋在墙体侧边对接电焊闭合。

为确保试验时破坏不出现在圈梁、地梁与墙体连接处，采用HPB235、直径为6mm、长150mm的短钢筋插入最上一层和最下一层砖的竖向灰缝并深入圈梁、地梁以锚固，短钢筋两端均弯90°延伸30mm后截断，以此来承担试验时的水平剪力。在制作墙体试样时，每个试件均在最上、最下一层砖的竖向灰缝插入短钢筋，钢筋插入一层砖的厚度并将30 mm的端头埋入水平灰缝，钢筋另一端锚入圈梁和地梁内，钢筋沿墙的长度方向均匀排布，各排插筋数量相同，且每个试样插筋总数均为14根。

在试样制作过程中制作砌筑砂浆和抹面砂浆的同期试块，砌筑砂浆留6个试块；抹面砂浆采用水泥砂浆，留6个试块。试样墙体分两批砌筑，砌筑砂浆实测强度分别为0.11 MPa和4.50 MPa。单面加固和双面加固分两批抹面，抹面砂浆实测强度单面为23.02 MPa，双面为25.26 MPa，高于设计强度。试样的基本参数见表1。

表1 试样的基本参数

试样编号	实际尺寸（长×厚×高）/mm	砌筑砂浆批次，强度/MPa	抹面砂浆强度/MPa	砖标号	钢筋实测抗拉强度/MPa	钢筋网片形式	加固形式	加荷形式
双面1	1085×283×1025	第一批，0.11	25.26		564.25	φ8@200	双面	低周反复
双面2	1060×300×1030	第一批，0.11	25.26		564.25	φ8@200	双面	低周反复
单面1	1050×275×1050	第二批，4.50	23.02	平均强度7.42 MPa，等级小于MU7.5	502.95	φ6@200	单面	低周反复
单面2	1070×268×1020	第一批，0.11	23.02		502.95	φ6@200	单面	低周反复
不加固1	1010×245×1000	第二批，4.50					不加固	低周反复
不加固2	1005×243×1010	第二批，4.50					不加固	低周反复
不加固3	1015×240×1005	第二批，4.50					不加固	竖向压坏

3. 竖向加载试验

（1）试验装置

竖向加载试验的装置系统由竖向加荷系统组成，试验装置现场见图4。

由于正常使用时墙体、楼面等的重力荷载始终存在，为模拟墙体承受的上部结构传来的荷载，在构件的上圈梁上施加均布竖向荷载，试验时采用两台500 kN的油压千斤顶缓慢加载，直到试样被破坏。竖向加荷的油压千斤顶加载至刚度较大的"工"字形分配梁上，千斤顶的中心应与梁轴线对齐，以确保墙体轴心受压。

图4 竖向承压试验全貌

（2）试验加载制度

采用50 kN一级的荷载分级，分级加载，观察墙体的变形及开裂情况，记录开裂荷载；试样开裂后减小荷载分级，采用10 kN一级，继续加载，直到试样被破坏，记录破坏荷载。

4. 低周反复荷载试验

（1）试验装置

低周反复荷载试验的装置系统由竖向加荷系统和水平加荷系统两部分组成。试验装置现场如图5所示，试验装置示意图如图6所示。

图 5 低周反复荷载试验全貌

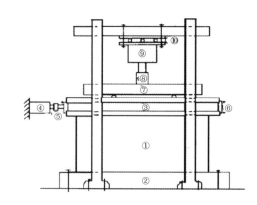

图 6 试验装置示意图
①试样；②底梁；③压梁；④水平千斤顶；⑤拉压传感器；⑥加荷梁；⑦荷载分配梁；⑧螺母垫块；⑨垂直千斤顶；⑩滚轴

1）竖向加载系统

由于地震时墙体、楼面等重力荷载始终存在，为模拟墙体承受的上部结构传来的荷载，在构件的上圈梁上施加均布竖向荷载，试验时采用一台500 kN的油压千斤顶加载，并在水平荷载施加前一次加载到位。竖向加荷的油压千斤顶加载至自制的滚动支座上，以尽量减小由试样水平移动引起的在千斤顶支撑处的水平摩擦力，千斤顶的中心应与梁轴线对齐，以确保墙体轴心受压。

2）水平加载系统

试样承受的水平反复荷载是通过被安装在试样上圈梁端部的推拉千斤顶来实现的，水平荷载的大小是通过被安装在推拉千斤顶上的荷载传感器传输到数据采集仪上而测得的，推拉千斤顶被安装在反力墙上。为了防止试样在水平荷载作用下发生侧向移动，在试样的地梁两端安装了钢压梁和反力梁，并用地锚螺栓固定在实验室的地槽内。

（2）试验加载制度

目前常用的拟静力加载试验规则主要有三种：位移控制加载、力控制加载和力－位移混合控制加载。

1）位移控制加载

位移控制加载是以加载过程的位移作为控制量，按照一定的位移增幅进行循环加载，有时是由小到大变幅值的，有时幅值是恒定的，有时幅值是大小混合的。

2）力控制加载

力控制加载方式是以每次循环的力幅值作为控制量进行加载的，因为试样屈服后难以采用力控制，所以这种加载方式较少单独使用。

3）力－位移混合控制加载

力－位移混合控制加载方式首先是以力控制进行加载，然后再以位移控制进行加载。例如新西兰的梁－柱节点标准抗震试验程序规定加到理论屈服荷载的75%，以后按延性控制；又如美国在做低层剪力墙抗剪强度试验时，先以荷载控制一直加到极限荷载，再用位移控制；再如在日本，研究预制钢筋混凝土墙结合面的抗震设计效果时，采用了先按设计荷载的0.5，以后每次增加0.5直到4倍设计荷载，然后用设计荷载的变位值的2、3倍各两次，最后一直加载到破坏。由此可见，不同的试验目的，可以选用不同的加载制度。

我国《建筑抗震试验方法规程》（JGJ 101—96）中规定：试样屈服前，应采用荷载控制并分级加载，接近开裂和屈服荷载前宜减小级差加载；试样屈服后应采用变形控制，变形值应取屈服时试样的最大位移值，并以该位移的倍数为级差进行控制加载；施加反复荷载的次数应根据试验目的确定，屈服前每级荷载可反复一次，屈服以后宜反复三次。

上述规定在实际应用中存在具体问题，一是在试验过程中如何确定开裂荷载，目前仍然是用人工方法检查，且逐级加载也很难准确地得到开裂荷载；二是没有一个确定屈服点的统一标准，在试验过程中很难精确定试样的屈服荷载和屈服位移，仍然是由人的经验判断，所以试验中判断试样屈服与否只是一个不精确的概念。另外，有些试样本身没有明显的屈服点，对于这样的试样，应当考虑用位移控制完成试验。

根据本次试验的研究目的，水平反复荷载的施加采用周期循环加载制度，由变力 - 变位移加载控制。加载前，估算出试件初裂时的荷载。在墙体石膏板开裂前，采用荷载增量控制加载，第一级施加的水平荷载为估算荷载的40%，然后每级荷载增量为估算荷载的30%，每级荷载反复一次，直到试样开裂。在试样开裂后，采用位移控制加载，以试样正、反向开裂时所分别对应的位移 Δu 和 $\Delta u'$ 为控制位移，每级荷载反复一次。当 Δu 和 $\Delta u'$ 相差较小时，用二者中的较小值作为正反向控制位移；当 Δu 和 $\Delta u'$ 相差较大时，用 Δu 作为正向控制位移，用 $\Delta u'$ 作为反向控制位移。采用分级循环的方法加载，直到试样被破坏或水平荷载下降到最大荷载的85%以下，停止加载。

5. 试验测试数据的采集

根据试验研究的目的，在试验过程中重点量测以下内容。

（1）裂缝形态

观察裂缝出现与发展的过程以及最终破坏时的裂缝形态。

（2）钢筋的应变

在砖墙外侧设置有钢筋网片，在钢筋网片的四角和中部粘贴有电阻应变片，试验中，通过静态电阻应变仪记录各级荷载下的应变值。

（3）荷载 - 位移滞回曲线

在墙体顶部左侧布置位移计，测量墙体变形，并用数据采集仪采集荷载、位移数据，绘出荷载 - 位移滞回曲线，并由此得到墙板的开裂荷载、极限荷载、开裂位移和最大位移等重要数据。

1）荷载和位移的数据采集

试验前，应首先对拉压传感器、压力表和位移计进行标定。试验时，试样所受的竖向荷载大小由压力表读数决定，在水平反复加载过程中，保持其大小不变。试样所受的水平荷载大小由安装在推拉千斤顶上的拉压传感器传输到动态电阻应变仪上，其大小由连接电阻应变仪的计算机输出。在试样圈梁左端部安装一个位移计。

2）钢筋应变的数据采集

为测量墙体外侧钢筋的变形，在钢筋网片四角和中部的横纵钢筋交叉点附近贴尺寸为2mm×3mm的胶基应变片各一片，并用914黏结剂做防水，通过导线引出。双面试样两面各贴10片，单面试样贴10片。试验中，通过静态电阻应变仪记录各级荷载下的应变值。应变片布置如图7所示。

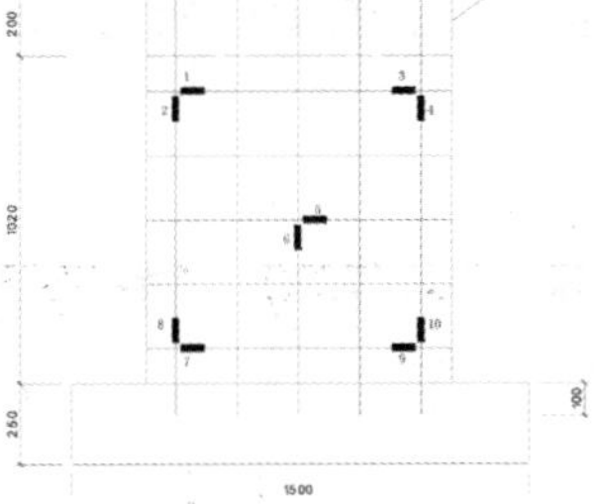

图 7 钢筋网应变片布置

6. 竖向荷载的取值

低周反复荷载试验中竖向荷载的选取是按照实际建筑层数及层高来考虑的，楼面活荷取2 kN/m²，恒荷取18 kN/m³，开间取5 m，层高取3.3 m，楼板厚取0.1 m。计算结果如表2所示。

表2 竖向荷载和竖向压应力

试件编号	竖向荷载施加值	
	竖向荷载/kN/m	竖向平均压应力/MPa
双面1	114（2层）	0.37
双面2	114（2层）	0.36
单面1	114（2层）	0.39
单面2	114（2层）	0.40
不加固1	114（2层）	0.46
不加固2	114（2层）	0.47

7. 试验结果

按照试验加载制度，对试样进行低周反复荷载试验和竖向荷载试验，试验数据及破坏形态如表3所示。

各试样被破坏时的裂缝形态见图8至图18。

表3 实验结果对比表

试样编号	竖向压应力/MPa	开裂荷载/kN	极限荷载/kN	开裂荷载/kN	开裂位移/mm	极限位移/mm	破坏特征
双面1	0.37	80	98.2，−94.9	1.23	3.1	18.8，−15.08	与地梁交界处产生水平长裂缝，最下一层砖缝产生水平错动；一侧砂浆面层出现多条沿竖向钢筋开展的竖向裂缝，另一侧砂浆面层底部先出现沿竖向钢筋的竖向裂缝，随后形成斜裂缝、墙脚压碎破坏
双面2	0.36	80	100.5，−88.9	1.26	2.4	15.02，−17.92	墙面产生斜裂缝，靠近地梁墙脚压碎，最下一层灰缝出现水平裂缝，端部翘起脱离地梁。局部面层与墙体脱开
单面1	0.39	64	99.6，−105.7	1.56	1.9	20.3，−22.7	不加固一侧首先出现裂缝并延伸，形成交叉斜裂缝，随后加固一侧砂浆面层开裂，最终加固一侧下角部位砂浆面层压碎崩裂
单面2	0.40	−32.9	82.0，−71.1	2.16	−3.3	17.54，−16.28	不加固一侧首先沿齿缝出现裂缝并继续发展，随后加固一侧砂浆面层开裂，两侧裂缝同时发展，形成多条交叉斜裂缝，部分砖出现裂缝，最终荷载下降至极限荷载的85%以下而破坏
不加固1	0.46	−60	81.5，−71.6	1.19	−10.6	12.38，−18.83	首先在最下一层灰缝出现水平裂缝并延伸发展，继续加载，两墙面同一位置突然产生一条很宽的沿齿缝的斜裂缝，试样宣告被破坏，呈脆性
不加固2	0.47	−69.8	72.2，−69.8	1.00	−7.0	10.01，−11.00	最下一层砖缝产生水平裂缝，从两端向中间发展，最终水平裂缝左右贯通，加载后墙体端部整体翘起脱离地梁，裂缝宽度很大，试件不适于继续承载而宣告破坏
不加固3	竖向加载	552.7	910.0				墙面先后出现竖向裂缝，部分砖出现断裂裂缝，裂缝数量不断增多，上下贯通时试样被破坏

图8 双面1裂缝

图9 双面1脚部压碎

图10 双面2裂缝

图11 单面1砂浆面层裂缝

图12 单面1砖墙一侧裂缝

图13 单面2砂浆面层裂缝

图14 单面2砖墙一侧裂缝

图15 不加固1南侧裂缝

图16 不加固1北侧裂缝

图17 不加固2底部水平裂缝贯通破坏

图18 竖向承压破坏裂缝

8. 荷载-位移滞回曲线

根据测得的荷载-位移数据，绘制荷载-位移滞回曲线，如图19至图24所示。

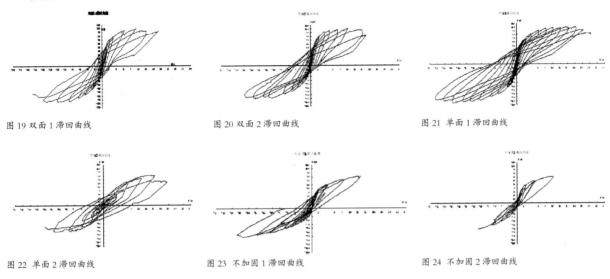

图19 双面1滞回曲线　　　　图20 双面2滞回曲线　　　　图21 单面1滞回曲线

图22 单面2滞回曲线　　　　图23 不加固1滞回曲线　　　　图24 不加固2滞回曲线

9. 对比分析

进行低周反复加载试验的6个试样，砌筑砂浆分两批砌筑，两批砌筑砂浆实测强度差别较大，因而得到的极限荷载也有较大差别。推断加固效果时应考虑砌筑砂浆批次的影响，对采用同一批次的砌筑砂浆的试样进行对比分析，综合评定。

①单面加固墙与不加固墙对比（同一批次的砌筑砂浆，强度为4.5 MPa）：对比单面1和不加固1、不加固2，可得开裂荷载提高64/60=1.07倍；正极限荷载提高99.6×2/（81.5+72.2）=1.296倍；负极限荷载提高-105.7×2/（-71.6-69.8）=1.495倍；平均提高1.396倍。

②单面加固墙与单面加固墙对比（不同批次的砌筑砂浆）：对比单面1（砌筑砂浆4.5 MPa）和单面2（砌筑砂浆0.11 MPa），可得开裂荷载提高64/32.9=1.95倍；正极限荷载提高99.6/82.0=1.21；负极限荷载提高（-105.7）/（-71.1）=1.49倍；平均提高1.35倍。

③双面加固墙与单面加固墙对比（同一批次的砌筑砂浆，强度为0.11 MPa）：对比单面2和双面1、双面2，可得开裂荷载提高80/32.9=2.43倍；正极限荷载提高（98.2+100.5）/（82.0×2）=1.21倍，负极限荷载提高（-94.9-88.9）/（-71.1）=1.29，平均提高1.25倍。

④双面加固墙与单面加固墙对比（不同批次的砌筑砂浆）：对比单面1（砌筑砂浆4.5 MPa）和双面1（砌筑砂浆0.11 MPa）、双面2（砌筑砂浆0.11 MPa），可得开裂荷载单面/双面=64/80=0.8倍。正极限荷载单面/双面=（99.6×2）/（98.2+100.5）=1.003倍；负极限荷载单面/双面=（-105.×2）/（-94.9-88.9）=1.15倍；平均1.08倍。

⑤不加固3试样的抗压强度分析：根据《砌体结构设计规范》（GB 50003—2001）及不加固3试样的材料性能，取砌体抗压强度设计值为1.25，不加固3试样的抗压承载力设计值仅为1.25×243600=304.5 kN，而实测抗压承载力为910 kN＞304.5 kN。

10. 结论

单面加固的钢筋网砂浆面层不能限制砖墙一侧的开裂，因此单面加固对于提高开裂荷载作用不大；双面加固的钢筋网砂浆面层可以有效地限制两侧砖墙的开裂，因此双面加固能够显著地提高开裂荷载。

试验数据和分析比较显示，本次试验单面加固和双面加固对于极限荷载都是有提高效果的。试验中，相对于不加固墙体（同一砌筑砂浆），单面加固的墙体平均提高1.396倍，双面加固相对于不加固墙体（同一砌筑砂浆）平均提高

1.745倍。试验数据表明：相对于不加固墙体，单面加固墙体承载力可增加39.6%，双面加固承载力可增加74.5%，双面增加值略小于单面增加值的2倍。

随着砌筑砂浆强度等级的提高，开裂荷载、极限荷载均有较大程度的提高：如单面1（砌筑砂浆4.5MPa）和单面2（砌筑砂浆0.11MPa），开裂荷载提高64/32.9=1.95倍，正极限荷载提高99.6/82.0=1.21倍，负极限荷载提高-105.7/（-71.1）=1.49倍；平均提高1.35倍。单面墙1（砌筑砂浆4.5MPa）的极限荷载基本与双面墙（砌筑砂浆0.11MPa）的极限荷载相当。

加固后的试样比不加固的试样的滞回曲线饱满，使构件破坏具有由脆性的剪切破坏转化为延性的弯剪破坏或弯曲破坏的趋势，说明用钢筋网水泥抹面对砖砌体加固后可以显著改善砖墙的抗震性能。

参 考 文 献

[1] 天津市人民政府 . 天津历史风貌建筑 [M]. 天津：天津大学出版社，2010.

[2] 天津市档案馆，天津市和平区档案馆 . 天津五大道名人轶事 [M]. 天津：天津人民出版社，2008.

[3] 李巍 . 四新技术在历史风貌建筑整修中的应用 [J]. 天津建设科技 ,2008(4)：18-19，25.

[4] 李巍 . 我眼中的现代与传统 [J]. 科技创新导报 ,2008(31)：207.

[5] 金磊 . 中国建筑文化遗产 6[M]. 天津：天津大学出版社，2012.

[6] 吴猛，王君 . 天津五大道历史风貌建筑适用结构修复技术的研究与应用 [J]. 中国房地产，2012(18)：66-80.

[7] 李巍，段君礼 . 天津五大道历史风貌建筑空调采暖方式的研究与应用 [J]. 中国房地产，2012(22)：72-80.